为什么聪明人都在用清单

舒娅·著

中国纺织出版社有限公司

内 容 提 要

时代在发展，科技在进步，庞大的信息量让人不堪重负，要处理的工作任务也越来越多。在今天，想要获得成功，或是活得轻松，依靠过去的思考方式是行不通的。我们必须依靠清单，建立清单思维，提升思考速度与行动效率。这本小书，可以让我们认识到清单的重要性，以及制作清单和使用清单的方法，既通俗又实用，掌握一些简单的要点，就可以明显地体会到效率的提升。希望这本书的存在，加上你的努力实践，可以让自己从焦头烂额和混乱不堪的状态中解脱出来，踏上自由有序的生活轨道。

图书在版编目（CIP）数据

为什么聪明人都在用清单 / 舒娅著. —北京：中国纺织出版社有限公司，2020.12
ISBN 978-7-5180-7960-5

Ⅰ.①为… Ⅱ.①舒… Ⅲ. ①思维方法 Ⅳ. ①B804

中国版本图书馆CIP数据核字（2020）第194064号

策划编辑：郝珊珊　　责任校对：高　涵　　责任印制：储志伟

中国纺织出版社有限公司出版发行
地址：北京市朝阳区百子湾东里A407号楼　邮政编码：100124
销售电话：010—67004422　传真：010—87155801
http://www.c-textilep.com
中国纺织出版社天猫旗舰店
官方微博http://weibo.com/2119887771
天津千鹤文化传播有限公司印刷　各地新华书店经销
2020年12月第1版第1次印刷
开本：880×1230　1/16　印张：6.5
字数：184千字　定价：48.00元

前言

2017年春节前夕，应闺密邀约一起吃饭。席间，她给我介绍了一位新朋友，是一位四川姑娘，她身材娇小，却很有活力。回去的路上，闺密跟我说："每到年底，都觉得自己又瞎忙活一年，不知道都干了些什么，时间就嗖嗖地过去了。我挺佩服那个姑娘的，她每年都会给自己列一些目标，做一份任务清单，我认识她四年了，她真的是每年都有看得见的收获。"

咦，任务清单？听到这四个字，我脑子里灵光一闪：为什么我没有想过每年给自己设置一些目标呢？接着，我就给自己列出了2017年想要做的事项，具体的我已记不太清楚了，总之有七八项内容。我真的是按部就班地去执行了，到了2017年年底，我惊奇地发现，那些目标我竟然都完成了，而且多做了一些额外的事情，成就感满满。

那时候的我，还不知道何谓清单，但我所做的事情，其实是和清单有关的。后来，我无意中读到了一些深度讲解清单的内容，才恍然大悟：原来，我之前写下既定目标，按照时间节点去完成，也属于清单的一部分。但那只是冰山一角。人生中还有很多问题，都可以进行清单式思考的。

然而，就算是这样的小试牛刀，却给我带来了如此强烈的满足感和成就感，倘若把清单思维运用到生活的方方面面，又会如何呢？就是从那时起，我开始真正地关注清单，系统地学习，并尝试将它运用到实践中。

清单，到底可以给我们的生活带来怎样的改变呢？相信这是很多人都渴望知道的答案。在此，我想通过这本书，让更多的朋友和我一样，成为清单的受益者。毫不夸张地说，清单会把我们从焦虑和无序的混乱中拯救出来，让我们回归到有条理的、轻松的状态中，帮我们收复控制权，使我们能够腾出更多的时间和精力专注于重要的事，而不至于为了鸡毛蒜皮的琐事耗尽心神。

或许，刚翻开这本书时，你可能会对清单感到陌生，甚至有一点点的抗拒。没关系，接触任何未知的事物都会让人感到些许不舒服，我们需要一个适应的过程。别着急，也别担心，跟着这本书的节奏，它会帮你认识清单，教你设立清单，并告诉你如何在生活的各个领域中运用清单。

请相信，这会是一个全新的开始！

一张小小的清单，带给你的不仅仅是高效，它会彻底改变你的观念，升级你的头脑，使你获得不一样的身心体验，并让你身边的每件事都变得富有规律，让你充满成就感。

准备好了吗？让我们开始吧！

目录

Chapter/01

混乱与自由之间，只差一张清单

✧ 杂乱无序的日子，总是“忙盲茫”

Luna在一家网络公司任职，和多数北漂一样，日子过得辛苦而忙碌。

早上7点到9点，起床、洗漱、吃早餐；快步走到公交车站，随着拥挤的人群拥上车，偶尔幸运赶上个座位，通常都是找个角落站着，一路摇摇晃晃地到公司。

9点之后，真正的忙碌才刚刚开始。坐在电脑前，俨然雕塑，几乎不动弹，到了下班点，往往是一堆事情还没做完，加班又成了必然的选择。

待夜幕降临，才拖着疲惫的身躯踏上回家的公交车，晚饭胡乱吃上几口，就已经很晚了。第二天，再重复类似的生活。即使到了周末，工作也占据了一大半的时间。

Luna厌倦了这样的生活，可放眼望去，这个城市里有太多和自己一样的人，生活被塞得滴水不漏，似乎永远都有忙不完的事。她内心很羡慕那些可以轻松踏上旅途、把日子过得细致而精致的人，可一想到生存的压力、未来的种种不可知，危机感便油然而生，纵使不愿意，也只好逼迫着自己向前。

就算是这样辛苦，Luna的生活却并没有因此发生什么改变，做了5年的北漂，依旧租住在城中村，做着公司里不起眼的文员工作，就连薪水也只比最初多了2000块钱，远远赶不上物价疯长的速度。

站在清晨的立交桥下，往来的车辆熙熙攘攘，宽阔的马路似乎已经容不下这物欲横流的人群。公交站牌前，是一张张焦急的面孔和一双双眺望的眼，大家都在等车，等待承载他们并缩短地理距离的机器。有时，Luna会觉得，自己也是这个社会上忙碌的机器，一个被时代和光阴不断驱赶的机器。

在城市的另一个角落，G先生也和Luna一样，对眼下的生活和自己的现状感到厌倦和不满，觉得自己像个陀螺。

北方的冬天是很冷的，尤其赶上下雪或大风的天气，更是让人贪恋被窝的温暖。G先生经常因为畏惧天冷而多赖床十来分钟，起来后利用仅有的20分钟时间，匆忙地洗漱、穿衣服、吃早点，时间相当紧迫。

在这混乱的20分钟里，他有时会不小心被刮胡刀划伤，有时会打翻热牛奶，甚至有时会穿两只不一样的袜子……还有好几次，他因为着急赶路，抢过路口而加速行驶，险些和其他车发生剐蹭。

清晨的这一幕，就如同一场混乱的战争。终于，抵达单位，坐在工位上，刚想长舒一口气，却发现把重要的文件落在门厅柜上……工作还没有正式开始，他已经焦头烂额、烦躁不安了。

无论是Luna还是G先生，他们都不是简单的个案，而更像是城市中某一类人的缩影。Luna每天穿梭在城市中，努力找寻一块立足之地，可忙忙碌碌多年，却发现自己收获甚微，如同在原地踏步。G先生每天也在为生活打拼，却总是把自己弄得焦头烂额，混乱的状态变成了最为严重的内耗。

不可否认，进入信息时代后，人们的生活节奏越来越快，每天接触的信息量大幅增加，需要面对和解决的问题也越来越多。特别是职场中人，通勤路上要耗费时间和精力，繁重的任务量也成为家常便饭，一不留神，就变成了时刻不停转的陀螺。可纵然忙不停歇，却依然感觉身后还背负着一堆事务，没有尽头，更没有所谓的成就感。

混乱无序的生活状态，每天都在忙碌，内心却没有方向，甚至不时地感到焦虑和迷茫。这样的忙碌，究竟是为了什么？既没有看得见的收获，也没有休闲的生活，还时刻担心被残酷的竞争淘汰出局。

有没有什么办法，能让混乱不堪的生活状态终结？有没有什么方式，可以让人不再忙而无获？这是每一个Luna和每一个G先生都在苦苦找寻的答案。遗憾的是，很少有人会想到，为自己列一份清单，让它去指引自己实现有序和自由。

以G先生慌乱的“清晨之战”来说，我们每天的时间都是有限的，这就需要进行合理的安排，让自己在有限的时间里有序地完成更多的事情。比如，早起把牛奶放进微波炉，设置加热1分钟；然后，可以去洗漱，待洗漱完毕后，牛奶也已经加热好，配上简单的吐司面包、一点水果，就是一份丰盛的早餐。吃早餐的时候，思考今天要做的工作，按照难易程度或紧急状态来排序。吃过早餐后，思考有哪些重要文件必须带，把它们装进公文包……这样就有效地避免了混乱，也不容易出岔子。

Luna缺少的是一份对生活和职业的规划，以至于忙忙碌碌好几年，除了年龄在增长，其他的一无所获。这就如同，你心中没有目的地，无论走到哪儿，似乎都是错的；你不知道想要什么，又如何去判断得失呢?

一位哲人说过："手里攥着千头万绪，但是一次针眼只能穿过一条线。"这个比喻非常形象，生活就是万千事物缠绕起来的麻线团，不列出清单，很容易变得"一团糟"。有了清单，就如同在麻线团中找到了一根线头，可以让混乱无序变得井井有条。

清单就像一把梳子，可以把生活理顺，把工作理顺，帮我们建立内在的思维秩序，从此告别瞎忙和迷茫的混乱状态，继而把整个人生都理顺。这，难道不是你想要的吗?

✧ 有多少意外事件，真的只是意外吗

一位患有胃癌的病人需要进行肿瘤切除手术。在手术过程中，病人的心跳骤然停止。医生对麻醉师说："你看，病人的心跳是不是停止了？"麻醉师看了一眼监视器，说肯定是电极脱落了，他并不认为这个病人的心跳会真的停止，毕竟他只有40多岁，只是偶然发现胃部有肿瘤，其他方面都很正常。

此时，手术已经完成了胃部的切除，正处于为病人重建消化道的阶段。当心脏监视器的波形变成直线5秒后，手术团队意识到，监视器的电极没有脱落，麻醉师已经无法摸到病人的脉搏，他的心脏真的停止跳动了。

医生立刻对病人进行胸外心脏按压，麻醉师认为，这种情况可能是由于大出血造成的。但是，病人的腹腔完全敞开，并没有大出血的迹象。后来，医生想到缺氧可能会导致心跳停止，可病人的气道也没有问题……会不会是气胸，或者肺栓塞？这些问题最后都被排除了。

心脏监视器依旧是一条直线，医生团队都要绝望了。来帮忙的医护人员中，有一位高级麻醉师，在病人被麻醉的时候，他曾经来过手

术室。他认为，一定是有人出现了纰漏，于是询问当值的麻醉师，在病人心跳停止前15分钟，是否进行过什么和往常不一样的操作？

当值麻醉师想起，手术第一次例行化验结果显示，病人血钾含量较低，之后麻醉师为病人注射了一剂氯化钾。那位高级麻醉师立刻要求检查氯化钾溶液的包装袋，果不其然，当值麻醉师使用的氯化钾浓度，是该病人所需浓度的100倍！换句话说，他给病人注射了致命剂量的氯化钾！

找到原因后，医护人员赶紧采取有效措施来降低病人过高的血钾水平。万幸，他们顺利完成了抢救工作，而病人最终也恢复了正常。

这场风波过去了，但留给人们的思考却从未停止：为什么会出现这样的状况？类似这样的意外，真的是意外吗？答案显然是否定的。

无论是在医疗行业，还是在其他领域，有些工作的复杂性远远超过个人能够掌控的范围，比如软件设计师、财务经理、消防员、律师等，哪怕是最能干的超级专家，也有可能会犯错，因为他们很难单凭记忆万无一失地完成自己的工作。

有一项调查显示，美国每年有15万人没能走下手术台，而交通事故的死亡人数只有这一数字的1/3。不仅如此，还有许多研究显示，至少有50%致死病例和严重的并发症都是可以避免的。

如果专业分工都无法解决问题，如果超级专家都可能会失败，那还有什么办法能扭转这样的状况吗？很多人可能不会想到，一张小小的清单，会成为最优解。

清单的重要价值在于，它可以提醒我们不要忘记一些必要的步骤，并让操作者清楚地知道该干什么。这不仅仅是一种检查方法，更是一种保障高水平绩效的纪律。

约翰·霍普金斯医院的一位重症监护专家，曾经以防止中心静脉置管感染作为试验项目，为医生准备了一张清单，写下了防止插入中心静脉置管引发感染的步骤：

（1）用消毒皂洗手消毒；

（2）用氯己定消毒液对病人的皮肤进行消毒；

（3）给病人的整个身体盖上无菌手术单；

（4）戴上医用帽、医用口罩、无菌手套，并穿上手术服；

（5）待导管插入后，在插入点贴上消毒纱布。

这些步骤看起来很简单，把它们编写成清单，似乎是小题大做的行为。但这位重症监护专家还是要求ICU的护士对医生插入中心静脉置管的操作观察一个月的时间，并记录他们实施上述步骤的情况。

结果怎样呢？调查显示，有1/3以上的操作都不规范，医生至少跳过了一个步骤。随后，这位专家要求护士在发现医生跳过清单上所列步骤的时候叫停操作，提醒他们做正确的事情。

在之后的一年里，他们对这个试验进行了调查跟踪，结果令人震惊：插入中心静脉置管10天引发感染的比例，从11%下降到了0。统计显示，在这家医院，清单的实施共防止了43起感染和8起死亡事故，为医生节省了200万美元的成本。

至此，我们已经无须再强调清单的价值了。生活中的很多意外事件，原本都是可以避免的，前提是让我们所做的事井然有序，规避因麻痹、疏忽而犯的错误，如此，就能够有效地减少不必要的失误。

✧ 天呐，怎么会犯这么简单的错误

1935年10月30日，俄亥俄州的莱特机场举办了一场别开生面的活动：美国陆军航空队组织两大公司研制的下一代远程轰炸机进行比赛。赛前第一阶段，评估中波音公司研制的299型轰炸机遥遥领先，胜利几乎已成定局。然而，谁也没想到，该轰炸机竟然在爬升100米后忽然倒向一侧，随即失速坠地，爆炸了。

到底是怎么回事？相关人员立刻进行调查，结果显示：这次事故不是机械故障，而是人为失误，一个顶级的首席试飞员竟然忘记解锁升降舵和方向舵，就是这个简单却又至关重要的操作失误，导致人机尽毁。现场专家认为，一定是波音新飞机操控太复杂，导致飞机难以驾驶。就这样，波音公司失去了一个军方大单，险些破产。

不过，波音新飞机在性能方面的确很出色，这也使得军方最后还是从它那里购买了几架299型轰炸机作为测试机，并召集了多位专家与飞行员，看看有没有什么办法解决操作复杂性的问题。结果，他们想到了一个很巧妙的办法：编制飞行员检查清单。

用清单开飞机？听起来就像是按照手册把车开出车库，似乎有点愚蠢。但就是这样一份清单，却真实有效地解决了航空业的安全问题。这一份飞行清单简明扼要，把起飞、巡航、着陆与滑行各阶段的重要步骤都浓缩到一张卡片上。根据清单，飞行员可以迅速、准确地知道自己该做什么。

这一份看似愚笨的清单，在投入使用后，299型轰炸机无事故安全飞行里程达到了290万公里，美国最终订购了13000架该飞机。在二战中，该飞机取得了决定性的空中优势，对德国实行了毁灭性轰击。

我们都知道，飞行员可能会面临各种紧急情况，反应时间对他们而言是一个巨大的挑战，而飞行清单却可以有效地帮助他们应对各种复杂的突发状况。波音公司有一套理念，掌控着飞行员驾驶飞机的方法，同时他们还把波音的“飞行理念”转化为具体的实践，通过研究数千起坠机事故和严重飞行事故，创造了防止人们犯错的科学。

这个具体的实践就是清单。正常清单包括3页，启动发动机、飞机被推出前、开始滑行前等，其余就是“非正常清单”。手册里涉及很多紧急情况，飞行员可能一生都未必会遇到，但万一碰到了，就可以通过清单来化解。

哲学家格洛维兹和麦金太尔认为，人类的错误可分为两种：一种是无知之错，就是因为没有掌握相关知识，不知道该怎么办；另一种是无心之错，不是因为没有掌握相关的知识技能，而是因为没有正确使用，从而导致错误的发生，比如上述提到的波音的试飞员忘记解锁升降舵和方向舵，再如因为通知不到位导致火车相撞等。

我们之所以需要清单，就是为了避免无心之错，也就是那种听起来“不可思议”的错误。毕竟，就算是技术出众的专业人士，有着超强的记忆力，也无法保证能够在工作过程中准确无误地完成所有细节操作。但是，一份清单却可以帮我们做到。

✧ 是什么让你陷入了低效率的泥潭

“接到任务好几天了，完全不知道该从哪儿入手，很焦虑……”

“销售四部新来的主管雷厉风行，跟他共事真的很有压力，担心跟不上他的节奏。”

“我也想不通，明明很简单的事，被我弄得这么复杂！”

这些乱七八糟的烦恼，不断地侵袭L的大脑。他的眼前堆放着一摞文件，都尚未处理，然而此刻的他，脑海里却忽然闪现了辞职的念头。他知道这是逃避，是无能的表现，可他实在不知道自己还能撑多久。他也想把事情做好，却陷入了低效率的泥潭，好像怎么也挣扎不出来，每天都迷迷糊糊的，经常望着一堆文件发呆。

L的问题是出在能力上吗？不，当年他也是从基层职员，一路摸爬滚、过关斩将，才被提升为部门主管。然而，曾经的优秀员工，晋升后不代表可以成为优秀的管理者，因为管理一个人和管理一群人不是一个概念，且工作的任务量之大、繁杂程度也和过去有了很大的不同。L陷入现在的困境，不是能力问题，而是思维问题。

如果你是L，你应该思考的是：我所做的努力对业绩有无帮助？

离职能不能让自己好过一点？可不可以改变低效率的问题？如果不能的话，那么离职的意义何在？思考到这一层面的话，我们往往就会明白：改善工作模式，才是解决问题的王道。

低效率的人在工作上往往存在同一个思维特点，即注意力被一些程序性的东西分散，大量的重复性、事务性工作占据了大脑，引起认知力、判断力和行动力的全面下降。体现在结果上，就是为工作耗费了大量的时间和精力，却没有像样的成果。

身为管理者，L需要做的是调整自己的工作重心，把重点放在管理的关键节点上，还需要拟定管理清单。同时，不能把时间都用在无足轻重、可授权的小事上，要思考如何带动下属的工作效率。

事实上，不仅仅是L，任何一个职场人，在这个分工明确的社会，都不可能独掌一切，更无法在复杂的现实中依靠仅有的天分胜券在握。想要从容不迫地应对一切事，就必须在当前的知识、技能以外，拥有更广阔的视野，并学会使用清单。

Susan刚开始做审计时，由于是“素人小白”，没什么经验和资历，在常规审计任务之外，经常会被分派一些杂活。某日，单位同事发给她一份word文档，让她印5份年度财务报告寄给客户。

接到这个任务后，Susan的脑子完全是懵的：这个该怎么印？去哪儿印？找什么人？印刷有什么要求？字体字号是什么？有没有固定的格式？对此，Susan一概不知。

事情还是得做，Susan赶紧问派任务给自己的那位同事，可对方告知，她也记不清了，只记得印年度报告的细节要求有很多，去年做这件事的时候把她折腾得够呛。最后，同事额外补充了一句："有件事我记得，要带小贴纸，去3层印刷室。"

同事说完后，就忙活自己的事情去了，剩下的工作全由Susan接管。由于缺乏流程规范，Susan那半天的时间一直楼上楼下跑，因为每个环节都有不同的要求。虽然事情最后处理好了，但过程极度痛苦，且浪费了很多时间。

报告印完后，Susan做了一件事：在笔记里梳理了一个标准流程，列出一个印刷年报的清单，里面详细地记录了所需材料、格式要求、呈递的部门与负责人等。尽管这个工作没有什么难度，但它需要一系列的工序、步骤，而这些东西仅靠头脑记忆是不够的。况且，大脑应该用于更有创造性的工作，而不是负责机械的工作。这样的工作，最适合交给标准作业程序清单来完成。

有了这个清单之后，如果第二年依旧是Susan负责此事，她可以准确、高效地把它完成，完全不用费脑子。如果是其他新人负责这件事，也无须花费时间去解释各个细节，拿出这份清单，一切都可以完美解决。

无论你是工作多年的职场达人，还是初入社会的素人小白，一份简单扼要的工作清单是必不可少的。我们要努力工作，但更要聪明地工作，学会借助清单，高效地利用时间，完成既定任务，从而摆脱忙而无效的疲累状态。

✧ 一张小小的清单，生活即刻改变

杂乱无序的日子、小疏忽带来的意外事件、总是重复犯的错误、忙而无效的付出……这一切，无疑会让我们的生活和工作变得沉重不堪，让人感觉疲累乏味，好像活着的意义就是处理一堆乱糟糟的难题，且总是一波未平一波又起。说实话，这样的活法，的确会令人心生厌倦。

与此同时，我们也看到了，这些问题并不是无法解决的，特别是当我们掌握了清单思维以后，许多麻烦甚至是可以避免的。至此，你可能还有一些疑问，比如：清单究竟能够给我们的生活带来什么？它的强大威力都体现在什么地方？

第一，列清单可以提高做成事项的概率。

加利福尼亚多米尼克大学的教授盖尔·马修斯博士研究发现：把事情写下来，最后可以完成的概率会提高33%！无论事情大小，这一条规则都是适用的，清单可以让人以更好的状态去处理各种问题，让人知道自己在做什么、想做什么，且可以更有动力、更有条理地冲破挑战。

第二，列清单可以疗愈焦虑的情绪。

面对一大堆繁杂的事务时，我们会不由自主地感到焦虑，担心自己忙不过来，也害怕一些坏结果的发生。这个时候，把你要做的事情和你的担忧写下来，列一个清单，呈现出有利因素和不利因素的排列组合，就能够帮助自己做出重大抉择。这个过程，很像是打通一个渠道，让积累的情绪流泻出来。

第三，列清单可以帮助我们提升脑力。

记忆专家辛西亚·格林博士曾经提出这样一个说法："记忆的工具，包括清单，会强迫我们凝聚更多精神在我们必须记住的信息上。记忆工具会提供一个组织架构，会赋予信息坐标乃至意义。"换而言之，清单可以帮我们提升脑力，同时让我们更具专注力。

第四，列清单可以给人带来成就感。

你有没有尝试过，每完成一个事项，就在清单上将其划掉，或是打个√？这是一件很有趣的事，且会给人带来成就感。在做这件事的时候，我们的自尊和自信水平都会得到提升，且更有意愿和动力去完成后面的事项。这是一种对生活的掌控感，当我们完成的事项越多，对自己的信心就越足，且潜力也能得到更大的发挥。

第五，列清单可以帮我们理清思绪。

你准备离开自己熟悉的城市，去千里之外的A地进行一场自驾游。在此之前，你从未去过这个地方，不清楚路线，不知道有哪些值得去的景点。这个时候，列清单可以帮你梳理思绪，减少不知所措与慌乱，让旅行多一点胸有成竹。

你可以先确定路线，开车走哪一条路？途经几个城市？全线距离多少？需要几天抵达目的地？如果需要中途休息，在哪个城市落脚？订哪一个酒店？抵达目的地后，在哪里落脚？共去几个景点，相距多远，怎么走更顺……当这一切在纸上列出的时候，你会发现，等待你的就是按部就班的执行了。

当然，清单的威力远不止于此，它能帮助我们完成目标，减轻我们的焦虑，让身心更平衡，让生活更从容。有了清单，我们可以少走许多冤枉路，少浪费很多时间。不管是不是清单控，都可以因为这个简单的工具而终身受益，哪怕眼下的生活是一团乱麻，但有了清单，我们就能很快让它变得条理分明、忙而不乱。

相信我，清单真的可以帮你实现。

✧ 做与不做，可行性清单给你答案

“我的征途到此结束了。我没有时间，也没有体力了……在这片我热爱的地方，我已经独自待了70天……”

在最后的语音日记里，一个男人哽咽着说道，他是英国探险家亨利·沃斯利。他原本计划用80天的时间穿越南极洲，然而在穿越南极洲徒步行的第71天，沃斯利却因体力不支，倒下了。

沃斯利曾是一名顶级士兵，收获过无数的鲜花与荣誉；他也是一位极地探险家，为了这份职业，他付出了自己的所有。在距离终点48公里的地方，沃斯利已经疲惫不堪，他面容憔悴，甚至连烧壶水的力气都没有。暴风雪中，他的手指冻伤了，满脸通红，胡子与睫毛都结满了冰碴。

在这样的情况下，他还是没有停下。蹒跚的他，5个小时只能走4公里，可对于刚刚退役的前军官沃斯利来说，他的字典里没有“放弃”二字，他还要坚持，这趟征途要为英国“奋进基金”筹集资金，帮助那些愿意通过参加体育活动进行复原的受伤军人。

最后，沃斯利在帐篷里倒下了。他的妻子曾经恳求探险团队把沃斯利带离那片冰天雪地，可是当探险团队成员抵达最近的接应点时，他们坚持，必须等到沃斯利自己发出求救信号，才能够展开救援。

在帐篷里待了两天后，沃斯利发出了求救信号，紧接着被送去医院。医生诊断，他患有细菌性腹膜炎，且已经严重感染。尽管沃斯利在医院接受了手术治疗，但为时已晚，最终他还是因为器官衰竭去世了。

世界上最大的遗憾莫过于“只差一点点”，就只差30公里，沃斯利就会成为人类历史上第一位“无外界支持”独自穿越南极洲的人。他曾那么接近成功，可一切却又在抵达终点之前戛然而止。

透过沃斯利的经历，我们是否应当有所启发？他离成功就差了一点点，究竟是什么让他没能挺过最后的30公里呢？如果他能够准备得更充分一些，对自己的极限有更多的了解，即便这一次的挑战未能成功，但悲剧或许也可以避免。

我们不是极地探险家，也很难像沃斯利这样去挑战极限，但我们在生活中也会有各种各样的目标，我们也渴望去完成一个又一个的计划。这个时候，仅仅凭借一腔热血去行动，显然是不理性的，也是盲目的，会增加失败的风险与概率。我们需要为自己准备一份可行性清单：

·目标——我的终极目标和阶段性目标分别是什么？

·资源——实现这个目标需要什么样的条件？我是否具备这样的条件？

·分析——以我现有的资源条件，实现这个目标的可能性有多大？

·方案——有几种行动方案，列出清单，进行对比，分析哪一种更可行。

有一份这样的清单，我们会更清楚自己应该做什么，可以做什么，并有效地确保行动的安全性与可操作性。如果分析后发现，可行性不高，就有可能发生像沃斯利一样的情形，哪怕距离目标只有一步之遥，却也无法顺利走到终点。

行动之前，不做可行性分析，付出的代价是极大的。在行动的过程中，不仅效率会很低，还可能浪费大量的时间和资源。美国空军人力资源研究室的一位研究员，曾经被调到洛杉矶某海军航空站担任决策部门的分析官，专门负责对作战训练任务进行任务清单分析（简称TIA）。美国军队从20世纪70年代开始，就把TIA列入固定的工作程序，现在它已经是一项非常完善的制度了。

这位分析官表明："我的任务是对飞行中队未来一段时期的作训计划进行数据分析，保证这些计划是合理的，并在数据对比的基础上得出一个成功指数。这个指数非常重要，中队指挥官和更高一级的参谋人员都会在这项指数的基础上做出决定。"

显然，这是一项很专业的工作，同时也突显出了清单的价值。可行性不是一个人说了算，而是由真实的数据决定的。倘若用清单的形式进行分析，最终得出的客观指数大于8分（完全成功是10分），那就值得一试；倘若小于7分，极有可能会被放弃。

无论做什么，我们都应当学会利用清单来做可行性分析，判断这件事情的成功指数。挑战，并不是有决心和毅力就够了，做踮起脚尖能够得着的事，才是精进的可靠路径；不管不顾地就去做，垫着椅子都碰不着，那就是好高骛远、不切实际了。

✧ 告别循规蹈矩，清单激发创造力

日复一日游走在竞争激烈的职场，生存于巨大的压力之下，不由得让我们产生一种疲于奔命的感觉。每天忙忙碌碌，却又循规蹈矩，也渴望让生活和工作多一点新意，却总是陷入灵感和创造力枯竭的状态中，使自己走向无趣和平庸。

你可能尝试过一些方法来扭转这样的处境，至于效果如何，我想应该也是因人而异。不过，多数人可能不会想到，清单在这方面也是能够产生积极效用的。所谓的创造性思考，它不仅仅是一个思维问题，也是一个方法问题。我们的身边经常有一些颇具天赋、思维活跃的人，但他们的创造力并不强，原因就是他们只把创造视为思维问题，而忽视了方法的运用。

要提高创造力，最快的方法不是去效仿他人，或是从专业的思维书籍中找寻答案。我们完全可以换一种方式，将过去混乱的思考过程，简化为一个激活创造力的清单。举几个简单的例子：

· **现在的计划方案，能不能用在其他地方？**

· **能不能找到可借鉴的资料和成功案例？**

- **有没有可以替代的计划方案？**
- **旧的思路重新组合，会是什么样？**
- **搁置一段时间，会不会有新的想法？**
- **列举所有的要素，思考细节问题，有哪些发现？**
- **逆向思考，会得到什么样的结果？**
- **从不同的角度串联起来，会是什么样？**

实际上，上述的几个问题都描述出了清单在创新中的作用，即对创造思维的整理。我们要明白一件事，创新不是无中生有，而是知识的转换过程。借助清单，我们对知识进行有效的整理，调动自身的内隐知识，与环境需求结合起来，变成高效的外显知识。人人都会遇到思维墙，要打破这堵墙，就需要用全新的思考工具来整理自己的知识，更新头脑、改变观念。清单，不一定是最好的工具，但无疑是快速有效的。

在日常生活中，我们可以刻意地记住一些细节，很有可能在需要的时候，它们会成为创意的切入口。比如，把那些令你感动的图像、视频收集起来，做一个分类的文件夹；把瞬间想起的名词记下来，它们都是创造力的源泉；令你激动的创意，无论是什么，都对它们进行一下“开发”……这些细枝末节，都是在对知识进行整理和创新，这也是清单的本质：在信息的基础上进行创造，高效便捷地优化思考；不破坏知识，而是创造思考。试试看吧！你会有不一样的体验。

Chapter/02

清单思维，让复杂的世界变简单

✧ 清单思维：精英人士的必备技能

“客户只限两天时间，把新项目的设计方案做出来。”

“进修班的影视案例分析作业，周六之前务必上交。”

“团队的绩效考核数据出来了，要整理成月报下周递交。”

“孩子本周有一次手工活动，需要家长协助完成。”

“明天部门有一场会议，你负责人员通知和会议纪要。”

……

生活与工作的问题，很少以“单品”存在，往往都是以“套餐”的模式出现。好比上述的这些问题，我们可能是在同一天，甚至同一时刻接到的通知。望着这些待办事项，我们已经清晰地知道自己要做什么，可脑子里往往还是一团糨糊。

当然，如果一周内的待办事项只有这些，那还算是幸运的。为什么这样说？因为现实中时时刻刻都充斥着意外，它们不在计划内，却又是不可避免会袭来的小岔子。在这样的情境下，生活状态、工作效率的分水岭就要呈现了。

有些人是胡子眉毛一把抓，做了一会儿设计方案，又跑去整理月报；中途想起孩子的手工作业，开始在网上搜索素材；临近下班的时候，忽然想起还没有通知相关人员参加会议……一整天下来，忙忙碌碌没闲着，可哪件事也没做好，期间还出现了意外状况，比如：重要的参会人员因时间关系，可能无法出席；预定的会议室有其他安排，还需要调整。原来的问题还没有解决，又制造出了新的问题，让人头大。

不过，并非所有人都会因多线处理事情而把自己弄得焦头烂额，相反，有些人的思路非常清晰，处理问题有条不紊，表现出来的状态也是从容不迫，似乎一切都在他们的掌控之中，即便中间有什么意外事件，好像也提前预留出了时间来处理。

同样都是职场人，同样都是多线处理问题，为什么差别如此之大？

事实上，如果你仔细观察后者，往往会发现，他们几乎都是职场中的高效能人士，也是精力管理的佼佼者。同样，他们也都存在一个共同点，那就是具备“清单思维”。

没错，清单不仅仅是一张纸，那只是它呈现的方式，实际上清单是一种思维。这种思维就是，把需要做的每件事以清单的形式进行整理，把原则和关键点写下来，并严格按照清单来推进，把成功的可能性提升到最大。

列清单，不是随随便便地从1到10依次把事情罗列出来，你需要在脑海里对所有的待办事项按照优先级来排序，即：紧急且重要、紧急不重要、重要不紧急、不重要不紧急。我们把上述的几件事情进行一下排序，其结果就是：

1.明天部门有一场会议，负责人员通知和会议纪要；

2.两天的时间，完成新项目的设计方案；

3.进修班的影视案例分析作业，周六之前完成；

4.孩子的手工活动，本周内完成；

5.将团队的绩效考核数据整理成月报。

按照这样的次序排下来，是不是会觉得思路清晰了很多？不过，这只是一个泛清单，接下来还要为每一件事情列清单。我们以会议为例，进行示范。

一、会前准备

1.会议的具体事件、地点、主题、目的。

2.与会人员名单，通知方式，附会议主题，以供提前思考。

3.材料准备：桌椅、投影设备、签到表、PPT、矿泉水、备用纸和笔。

二、会中执行

1.会前10分钟，确认人员到达情况。

2.会议时间节点把控，推进会议正常进行。

3.会议内容记录。

4.会议总结，就主题达成某种共识。

三、会后工作

1.把整理好的会议纪要发给与会人员，确认记录无误。

2.把会议纪要递交上级，根据会议中达成的共识和分工，推进工作完成。

有了上述这份清单，是不是对会议这件事情感觉已有80%的掌控感了？剩下的那几个事项，也可以用相似的清单来处理。列出所有的清单后，你的第一个感觉会是轻松，因为所有悬而未决及需要解决的事情，都不再占用我们的大脑，而是被存储到了思考的第二阵地，即“收集系统”。这里不生产内容，只负责搜集和归纳内容。然后，它把内容整理出一个逻辑，指导并管理我们的行动。

有了清单思维，我们做事会更有条理，同时也能减少焦虑，获得更多的掌控感与安全感，这是非常重要的精神体验。谷歌的咨询顾问法尔考说过：“清单可以给团队首脑以足够的心理安全感，它让雇员对后面的工作有充分的心理缓冲，这是我们在打造高效团队时发现的。”

生活中一切有逻辑关系的事物，都可以用清单的方式来呈现，清单甚至可以为我们挖掘和创造逻辑关系。正因如此，精英人士会把清单视为一项必备的技能，帮助自己梳理记忆、整理逻辑，让思考变得清晰明确，而这也恰恰是我们需要向精英们学习的高效率之“道”。

✧ 绕过复杂的思考与选择的过程

在阿尔卑斯山脚下的一座小村庄里，曾经发生过这样一件事：一位3岁的小女孩掉进了冰窟窿，半小时后才被救上岸。这时，小女孩已经没有了生命迹象，体温只有19℃。然而，急救人员并没有放弃，小女孩乘坐直升机被送往医院。

经过2小时的抢救，小女孩的体温上升到了25℃，心跳也开始恢复。6小时后，她的体温达到了正常的37℃。经过一系列复杂的抢救，小女孩奇迹般地活了下来。这家医院名不见经传，很多从业者都很好奇：这么一家小医院，究竟是怎样让小女孩起死回生的？为了搞清楚答案，他们纷沓而来。

事实的真相并不复杂，这家小医院经常接到类似的病人，其中大部分都没有生命体征。为了应对这样的情况，医院把急救的步骤列了一个清单。为了挽救这个小女孩的生命，数十位医护人员需要正确地实施数千个治疗步骤，其中还掺杂着许多注意事项，并要启动一系列复杂的设备，每一个步骤都很麻烦，而要把这些步骤按照正确的顺序一个不落地做好，更是难上加难。

怎么办呢？没错，又是清单！清单让这个拥有数十位医护人员的大型团队，可以快速、有序地各司其职，只要仔细地核对清单，就不会出错和遗忘。哪怕是过去从来没有参加过这种救援任务的新医生，只要拿着这份清单，也可以快速上手，高质高效地完成急救任务。

清单思维的妙处就在于此，它可以帮助我们绕过复杂的思考和选择的过程。我们可以想象，上述的小医院在列这张急救清单之前，肯定也付出过极大的代价，走过不少的弯路。庆幸的是，他们把那些正确的步骤逐一记录了下来，并制作成了清单，让其成为一本专业的急救手册。再次遇到类似的情况时，医护人员不必再绞尽脑汁思考，也不会再走重复的弯路，或是犯一些逻辑错误，整个急救过程变得快速而高效，医护人员可以与死神争分夺秒，挽救病人的生命。

生活中的我们也有相似的体验：第一次做一件事时，要花费巨大的精力，因为我们需要调动大脑中最强大的思维系统，这种资源非常宝贵，速度也是最慢的。当这件事情被反复执行多次以后，这些思维就会被存储起来，这就涉及记忆系统。今后，再做类似的事情时，我们只需要在记忆系统里搜寻即可。尽管记忆系统能够存储大量的内容，但这种做法的效率依然是有限的。

那么，怎样做效率是最高的呢？那就是反复执行一件事情后形成习惯。习惯，是储存在大脑中最古老的基底，只要形成了习惯，我们在执行的时候，几乎可以不假思索地做出反应。事实上，我们执行一个常规任务的过程，就是一个从思维到记忆再到习惯的过程，形成习惯后，所有的过程都会成为无意识动作。

回想一下我们学习骑自行车的过程：一开始，你要学习怎么去稳住车把，掌握平衡，再不断地练习蹬脚蹬。有可能第一天学会了，第二天又忘记，还需要重复地练习。直到有一天，你完全学会了，推起自行车的那一刻，不用去思考该怎么上车、怎么稳住车把、怎么往前蹬，骑车的全套动作全都变成了无意识的动作。

既然负责思维的大脑资源是很宝贵的，那我们就不该浪费它、滥用它，而是要用它去完成最具挑战性、最有价值的任务。这个时候，我们就需要让清单发挥效用了。

在执行一项复杂的任务之前，你可以事先在脑子里预演一下执行的过程，把可能涉及的步骤列成一个清单，然后再开始执行。在执行的过程中，根据实际情况对清单进行调整。当任务执行完毕后，重新审视一下这份清单，将其保存起来，它就变成了完成这类任务的流程清单。下一次，再进行同类任务时，可以直接跳过思考的步骤，按照清单去执行。这样的话，既不用耗费大脑的资源，也不会遗漏某一个关键流程，简单、高效又准确。

今天，人类掌握的知识量及其复杂程度，已经超过了正常情况下大脑可以正确、安全、稳定地消化及利用的范围。在复杂的工作环境中，我们的记忆力和注意力经常会出现失误，把一些看似简单的步骤、事项忽略掉，最后失之毫厘、谬以千里；另外，长期高强度的工作也会让人疲累至极，在没有强制性约束的情况下，会不自觉地想要跳过一些必需的工作步骤。

鉴于此，我们必须借助有效的工具——清单，来保持思考的强度，并保证思考的结果。清单的存在，会减少记忆错误和注意力不集中导致的后果，使人采取有效的规范行为，时刻提醒自己不要忘记必要的步骤，知道这一刻应该做些什么，下一刻又该做些什么，在最节省精力的状态下，扎扎实实地推进工作，把失误率降到最低。

✧ 处理不同的问题，用不同的清单

生活的实质，就是与各种各样的问题打交道。如果按照不同的领域和性质划分，这些问题的繁杂混乱程度，实在令人头大，但如果掌握了清单思维，我们可以惊奇地发现，现实中的所有问题都可以归结为三类，只需要采取三种不同的清单，就可以找到解决的路径。

- **第一类问题：简单问题**
- **解决的路径：执行清单**

简单问题，就是指一些常识性的问题，你看到它们的时候，脑子里就已经知道要用什么样的方式来解决了，只是处理的过程可能需要一些基本技巧，但不是特别难，且有很多方法你已经掌握了。比如，上午你计划打扫房间、清洁冰箱、寄一份快递、给朋友打电话确认下午的约见时间，你只要罗列一份清单，做一项划掉一项就行了。这份执行清单的意义就在于，提醒你不要忘记，按部就班地做就好了。做完之后，可以划掉，如果有什么问题，可以记下来，再进行更正。

类似这样的简单问题，用执行清单就可以解决了，其价值就是不忘初衷，实现目标。事实上，公司里的一些规章制度也属于执行清单，关键是要去做。

·第二类问题：复杂问题

·解决的路径：核查清单

复杂问题，是指那些要采用专业技能才能应对的专业问题，经常出现在专门的领域、团队或部门。如果不具备相应的技能，我们就要求助于专业人士，比如：修理电视机、汽车引擎、开飞机等等。这类问题，凭借本能是无法解决的，需要有成熟的经验，并且灵活地运用专业技能，才可以完成。

对于这样的复杂问题，核查清单是必不可少的。就拿开飞机这一项很复杂的工作来说，技术再好的飞行员，在处理这一问题时，也需要一份核查清单，从飞机的外部到内部一项一项地核查。这与智商和能力无关，而是因为大脑的局限，飞行员必须借助清单来确保这件事不出差错。很有可能，在飞机即将降落的时候，机长与副机长在聊天，忘记把着陆架放下来。为了避免这样的情况发生，我们就需要借助核查清单来处理复杂问题。

·第三类问题：异常复杂的不确定性问题

·解决的路径：沟通清单

这类问题在现实中所占比率不大，但十分麻烦，仅仅依靠专业技术并不能保证百分之百地予以解决，因为技能不是成功解决此类问题的充分条件，还需要调动各种资源，进行各方沟通。处理这样的问题需要两份清单，一份是核查清单，另一份是沟通清单。

核查清单，我们在前面刚讲过，就是要核查一些关键问题、关键步骤；而沟通清单，就是不要让其中一方来做决策，要把一些重要的事情列成沟通清单，多方坐下来针对这个问题进行沟通。

美国花旗大厦在设计之初，要求底座用焊接，认为只有焊接才能承受大厦的重量。可是，承包公司看了图纸后，做了一番测算，他们认为不需要焊接，只要用铆钉铆住，也可以承受大厦的重量。按理说，这样的问题需要在沟通清单中体现，承包公司要跟设计公司、施工单位进行沟通，才能最终确定。

没有这份清单，承保公司就私自把焊接的结构改成了铆钉的结构。大厦建完后，一位建筑系的学生在研究这座大厦时，发现它无法承受11级台风，一旦有11级台风，大厦就会从30楼断裂，然后整栋大厦会坍塌。

出了这样的问题，一定要追溯责任。结果发现，这件事竟然是由承包公司单方决定的，没有与其他单位沟通。后来，整栋大厦那些关键的200多处地方，都被焊接上了5厘米厚的钢板，以此来弥补过失。

后来，真的有台风出现，所幸那座大厦抵挡住了。很难想象，如果没有后来的弥补措施，会出现怎样的结果？这就是一个缺乏沟通清单的典型案例，在面对异常复杂的不确定性问题时，一定要有核查清单与沟通清单。

总而言之，生活中的问题大致可分为三类，面对简单问题可用执行清单，面对复杂问题可用核查清单，面对异常复杂的不确定性问题则要用核查清单加沟通清单。当我们遇到问题的时候，先将其进行分类，接下来思考要用什么清单来解决。这样的话，我们可以节省大量的时间，不遗漏简单的问题，不跳过必要的步骤，也能够用相对简单而直接的规范行为降低不确定性。

✧ 清单思维不可或缺的三大要素

有一个问题，我们需要弄清楚：成年人学习的目的是什么？是为了获取更多的知识吗？这仅仅是一小部分，属于比较肤浅的、低层级的学习。如果停留在一个落后的思维模式中，就算增加再多的信息量，也不过是低水平的重复。我们学习的真正目的，是获得更好的思维模式，告别机械式的工作。

现在，我们学习清单，为的也是培养清单思维，解放头脑，让平日里复杂的工作变得富有条理，让各项思考效率与行动的直接性都可以获得改善。这就好比，我们的大脑里生成了一个全新的运算系统，把问题系统化、清单化，理性地、精确地分配时间和精力，进入思考与处理问题的最佳模式。

要让清单思维发挥出最佳效用，需要遵循一些基本的原则。换言之，有效的清单需要涵盖一些必需的要素，缺少了这些东西，表面看起来再美好的清单也是不合格的，因为它在执行效果上会大打折扣，让你收效甚微。

·第一要素：关键因素

不管从事什么工作，在哪个岗位上，都要把关键工作做好，否则就会失职，引发严重的后果。比如：你是一位老师，在为本学期的教学任务进行备课时，就把重要的知识点列出来，否则的话就很容易在课堂上偏离主题，最后影响学生的学习效果和考试成绩。所以，在列清单的时候，一定要把关键因素列入其中，让它在任何时候都不被忽略，且有强制的检查程序，从而避免疏漏。

·第二要素：简捷有效

列清单不是写作文，不需要长篇大论，要以简单的语言快速地书写。如果洋洋洒洒写了一堆，恰恰说明大脑是处于混乱状态的，这就跟与人沟通一样：说了一堆话，东扯一句，西扯一句，最后对方也不知道你到底想说什么、想要什么。

之所以强调用短语来书写，因为在这个过程中，大脑就是在甄选词语、提炼重点。任何一种清单都要以简捷高效为前提，一目了然，才更容易有效地执行。

假如有5天年假，你准备做一个计划。这个时候，你的脑海里可能充斥着很多想法，想去周边郊游，想去商场逛一逛，还想在家看电影，或者去健身房锻炼，这个时候，你就需要进行提炼和筛选了。

到底是出游，还是不出游？二选其一，这样就确定了方向。如果最后选择了出游，那就可以开始根据出游的方向来计划，打算去附近山里的民宿小住，还是打算去邻近的某个城市的热门景点？如果最后决定，就是想找一个依山傍水的山中民宿小住，就可以再根据地点、价格、环境等来甄选，给自己列出3~5个备选项，然后进行对比。

当确定下来去某个民宿后，接下来用清单来安排这次小小的出游计划：

物品清单：民宿都提供什么？我需要带什么？

交通清单：有几条自驾的路线？分别用时多少？出门前根据路况选择。

预算清单：车旅费、食宿费、购物费，评估整体的预算。

行程清单：民宿附近有无景点？准备去哪些地方？再列出具体的游玩计划。

这样的话，就告别了满脑子充斥各种想法的状态，制定出一个条理清晰的度假方案，简单又可行。

·第三要素：自我进化

我们要清楚地知道，运用清单的目的是什么，是为了确保我们不出错、少出错，改善并督促我们把事情做得更好。从这个角度来说，它是一项改进计划，让我们透过清单发现自身存在的问题。

拿我自己来说，以前经常会犯一些出门忘记带东西的毛病，但掌握了清单思维之后，每次出门前，我都会把必需品列出来，按照它来收拾，现在，就不会再出现“到了火车站发现忘带身份证”的囧事了。另外，每个月列一个添置物品的清单，也帮我改掉了冲动消费、盲目消费的毛病，我可以更清楚地知道，哪些东西是我真正需要的，哪些物品是可以推迟购买的。

那么，怎样让我们列的清单从一开始就发挥出自我进化的效果呢?

第一，清单的内容不能随意列，要把事情按照轻重缓急的次序排列，自上而下去完成每一项任务，这样可以确保要事第一，不会因为细枝末节影响大局。

第二，列出要做的事情所面临的问题，逐一写出问题产生的原因，以及解决方法。就算暂时没有头绪，也得把问题列出来，这样可以缓解情绪，且能够避免问题被遗忘或忽视，造成不必要的麻烦。

第三，列出工作程序清单，特别是那些繁杂的工作，都有需要遵守的步骤。把这些规矩列出来，每次处理问题前对照一下，在反复的尝试中让这些步骤更精练，逐渐养成高效处理问题的习惯。

第四，把清单作为训练工具。我们使用清单的最终目的，就是为了提高思考效率，规范行为模式。事实上，清单本身没有什么价值，只有把它跟我们的思考、行动结合起来，不断地进行刻意练习，才能够感受到这一辅助工具的积极效用。

✧ 清单适用于所有人，没有固定模式

很多人觉得，清单最适用于那些条理不清晰、无法管控时间、不够自律的人，他们需要提前列出一个准则和计划，来规范自己的行为。换言之，如果一个人很自律，可以准确地管控时间，不需要谁提醒，每天都能按部就班地把事情做好，那么清单对他而言，就没有多大的意义了。

那么，现实情况是不是这样呢？当一个人足够自律，他就不需要清单了吗？

有个词语你肯定听过：百密一疏。顾名思义，就是在极其周密的考虑中偶然出现了一点疏忽。有不少人就吃过这样的亏，脑子里勾勒出一个自认为很完美的计划，就按照想法去做了，本以为天衣无缝，却在中间的某个环节发现了“行不通”的阻碍。如果事先列出一个清单，把所有可能遇到的问题记在纸上，情况又会如何呢？很显然，可以绕开阻碍，选择其他可行的路径。

再者，艾宾浩斯的记忆曲线告诉我们，信息输入大脑后，遗忘就随之开始了。特别是刚刚识记的短时间内，遗忘是最快的。根据艾

宾浩斯遗忘曲线揭示的记忆规律，我们必须对所学的知识及时进行复习，才能够加深记忆。

这就意味着，无论是谁，对于自己计划要做的事情，以及那些未完成的事情，在经历一段时间后，都有可能会忘记。这与智力和自律没有任何关系，再强的大脑都可能会出现“失误”。此时，如果有一份小小的清单，就让人可以频频回顾，实现了加深记忆的目的，减少遗忘的概率。

当然，清单的作用不仅仅是提醒我们要做哪些事，毕竟有一些事情并不是短时间内就可以完成的。这时候，就需要清单来发挥“导航”的指引作用了。

举例来说：接到一部10万字的小说约稿，我计划用半年的时间完成它，那么分配到每个月的任务量就是1.6万~1.7万字，平均到每天可能就是3500字左右。这样的话，我可以根据清单每天完成一部分内容的撰写，最终就能最大限度地保证创作的完成。

也许，期间我会有状态不佳的时候，但起码在进度上我可以做到“心中有数”，知道每天或每周的任务量是多少。有可能，今天一点思路都没有，那就放一放；明天文思如泉涌，就可以把前一天未完成的部分弥补回来，总体的进度就不会受到太大的影响。

清单还可以帮助我们对所做的事情进行分类，让我们在做事时更有系统性。有些事情是可以同时进行的，比如打扫房间、整理衣橱和听书学习，就可以一起完成；有些事情只能静下心来做，比如撰写方案，有效地把这些事情归类后，能够更好地节省时间。

清单没有一个固定的模式，不同的人可以将其以不同的形式呈现。

有些人行动力差、习惯拖延，那就需要把每天要做的事情列出来，按部就班去完成。有些人时间观念很强，又非常自律，他们可能不太需要这种十分详细的日待办事项清单，但他们可以根据自己的需求来制定适合自己的清单，比如年度清单、季度清单，或者是一些大项目的统筹计划，依照它们来指引自己更稳妥地去完成既定目标。

总之，不是自制力差的人才需要清单来规范自己的行为，自律的精英们也需要用清单协助他们完成更大的挑战，换得高效的工作与高质量的生活。清单没有模板，因人而异，我们要做的就是，根据自己的实际情况，制定适合自己的清单。

✧ 刻板僵化不是清单思维的副作用

有人对清单存在排斥的心理，认为按照清单列表去做事，可能会让自己变得刻板僵化、循规蹈矩。实际上，这是对清单的一种严重误解。毕竟，制定清单的是人，执行清单的也是人，是让清单成为管理时间的工具、发挥出引导的作用，还是让自己的思想和行为被清单限制，最终的决定权，始终在人自己手里。

清单，就是一个不带有任何情绪的工具，它会呈现出什么样子，全在于制定清单的人。所以，在制定清单之前，你要先明确：我要这个清单实现什么目的？如果你不是为了把自己变成一个循规蹈矩的人，那你就不用担心自己制作出来的清单会让你变成一个刻板僵化的机器。换句话说，你想让清单怎样为你服务，你就会得到什么样的结果。

就算是完全按照清单所列的内容去执行，我们也不会变得循规蹈矩。就像我在前面提到的，要撰写一部小说，最后细分到每天的任务，大概就是完成三四千字的创作。但我们真的就要把每日的任务完全限制在这三四千字之中吗？当然不是，它就是一个指引，让我们知道大致的方向，我昨天状态好，写了6000字；今天状态不佳，就写了1000字，这也没有问题。总体来说，我保证了基本的进度，我的步调和清单基本是一致的。

这就告诉我们，制定出适合自己的清单后，用什么样的方式执行清单上的内容，决定着我们是否会变得循规蹈矩。通常来说，清单上的内容，只是提醒我们该怎么做事、在什么时间做事，而不是用清单绑架自己的思维，限制自己的思维，不给自己任何微调的机会。

打个比方，今天的运动清单里写道，早晨完成2000下跳绳。结果，你今天有点体力不支，但还没到完全不能运动的程度，这个时候，你就可以把早晨的2000下跳绳替换成30~40分钟的快步走，完全没问题。

我们制定运动清单的目的是什么？是帮助自己养成规律运动的习惯。但不是列出了哪一项运动，就只能做这一项，要结合自己当下的实际情况而定。最终，我们只要按照清单的要求（假定每次半小时以上、每周4~5次的运动）去做，就是成功的。别忘了，我们前面说过，清单思维有一项重要的因素就是“自我进化”。按照清单来执行，跟过去的自己对比一下，它帮助你变好了，那你制定的清单以及执行效果就出来了。

如果说，在使用清单后，你的工作和生活不但没有得到改善，反倒让你觉得很不舒服，那就要思考：究竟是什么地方出了问题？及时改正，在下次制定和执行的时候多加注意即可。我们使用清单的过程，就是一个不断发现问题、改正问题的过程，从而提高工作效率，改善生活质量。那些让人变得刻板僵化的情况，并不是清单本身存在问题，而是制定和使用清单的方式出现了偏差。

作为一个工具，清单的威力是很大的，但它尚不具备让我们变得像机器一样的“魔力”，清单会发挥出怎样的效用，全在于我们如何支配它。换句话说，除了我们自己，没有谁能够把我们变得循规蹈矩。况且，我们可以按照自己喜欢的方式来制定自己的清单，按照自己的习惯来执行自己的清单，无论从哪个角度来说，主动权始终都握在我们手上。

Chapter/03

为什么你列的清单总是完不成

✧ 想做的事太多，完成的事太少

岁末年初，往往都是立flag的大好时机，满腔热血、意气风发，对明天充满了向往，那些没有实现的愿望，好像会随着年岁的更迭，离自己更近一些。然而，现实总是打脸，年初立下的那些flag，在时隔12个月之后，通常又成了新一年的待办事项。

有没有在这样的状态中，看到一点点熟悉的影子？待办事项清单，或者说“愿望清单”，几乎是我们生活中不可或缺的一部分，想要实现什么，都会把它往清单上添加。写的过程是很振奋人心的，可也仅限于写的那一刻，往后的日子，就任由它们待在纸上，然后渐渐被扔在脑后。

我们来看一组有意思的数据，它来自某团队的任务管理软件：

· 待办清单中41%的任务不会被完成

· 待办清单中50%的任务在一天内完成

· 待办清单中18%的任务在1小时内完成

· 待办清单中10%的任务在1分钟内完成

· 完成的事情中只有15%来自待办清单

这些数据说明什么呢？其实，它阐述了一些极易被我们忽视的事实：我们不太擅长按照清单来执行任务；我们完成的任务大多是不需要太长时间的小任务；实际完成的任务和计划存在很大的偏差……总结来说就是，我们会列清单，但很少按照清单去行事；我们想做的事情很多，但实际完成的很少。

2012年一项关于职场情况的调查显示：63%的职场人员都有使用待办清单的习惯。这是可以理解的，毕竟谁都希望在无序的生活中创造秩序，做好自我管理，这是一种本能的表现。加之，有不少的时间管理、工作方法类的书经常会提到列出待办事项的益处，故而，多数职场人都会习惯性地为自己列清单。

这是一个好的开始，能够帮我们视觉化地去梳理那些要处理的事项。可问题是，这只是第一步，后续还有很多工作要做，而多数人却都停在了这里——写下待办事项，然后，就没有然后了。

为什么制定了待办事项清单，最后却没能发挥出清单应有的效用呢？

恰恰因为存在这样的状况，让很多人对清单产生了质疑：没有想象中那么好使嘛！

其实，不是清单没有用，而是制定的待办事项清单本身存在问题。

有些人只是列出了自己想做的、要做的事，但这些待办事项中哪一个是最紧要的，分别需要多少时间和精力，这些内容一概没有，那些只需要几分钟就能搞定的事情和需要一个月才能完成的事情也混在一起。这样的清单，执行起来会出现什么状况呢?

当你随机查看清单的时候，然后问自己："我接下来要完成哪一件事呢？"你可能会选择那个最简单的、最容易搞定的事情，而不是那个最重要的项目，更不太可能是花时间和精力多的那个项目。然而，这些被"筛掉"的事项，通常是改变生活和工作状态的一个重要分水岭。很可惜，错误的待办清单容许我们偷懒了，且这个懒偷得心安理得，我们可以安慰自己说：看，我也是在执行啊！但实际上，我们下意识地只去处理那些紧急而不重要的事。

有些人雄心勃勃，会给自己列出一长串的待办事项，事实上，这未必是好事。《自控力》一书里提到过：一个行政人员一天的待办事项，要想全部做完，需要一个多星期的时间。当我们看着一长串要做或未完成的事项，特别是已经接近一天的末尾时，正常人都会感到心理上的打击、不堪重负，甚至崩溃。如果控制不好，还会影响睡眠，以及和亲人的关系。

我见过不少人列的待办清单，是用电脑或手机制作的，里面的事项不少，还用了不同的颜色标记。我当时就在想：列清单和美化清单得花多少时间啊！这么做真的有用吗？会不会刚打开App想计划做一件事，却临时收到一条微信，注意力立马就被带跑了？等想起还有待办事项时，大脑还沉浸在朋友圈的美照中……任务如此之多，实际履行的步骤几乎没有，在这样的情况下，要完成待办清单好难，因为太容易分神，也太容易拖延。

说了这么多，是要强调一个重点：在理想的情况下，我们应该能够根据清单所列的内容，逐一完成各个待办事项。如果总是出现“想做的事很多，完成的事很少”的情况，就要重新审视自己的待办事项清单了，很有可能，你的清单从一开始就出了问题。

✧ 待办事项清单，不只是列出任务

你有没有做过这样的努力：前一天晚上，拿出一张纸，想想第二天要做些什么，然后，把它们列成一个清单。之后，你安心地睡去，期待着明天可以有饱满的精神，把这些待办事项全都处理好。

到了第二天，你很努力地想要按照这张清单上的内容和顺序去执行任务，但没想到，计划赶不上变化，中间发生了很多意外的状况——公司临时召开会议，老板安排给你一个烦琐的小任务，你没办法拒绝这些零碎的小事件，它们也是你日常工作的一部分。

转眼间，就到了下班时间。你再次打开清单，叹了口气，上面所列的5件事情，只完成2件，还有3件事情压根没有开始。这时候，内心的挫败感和沮丧感涌了上来，一个声音在默默地呐喊："为什么会这样？为什么我给自己列的清单总是完不成？"

问题出在哪儿呢？仔细观察一下你的清单，是不是下面这个模式：

（1）完成设计初稿；

（2）联系客户询问进度；

（3）撰写工作月报；

（4）构建网站；

（5）读10页书；

（6）饭后运动。

这是一份所谓的日待办清单，但很可惜，这只是清单制定者的一厢情愿，未经有效的思考，根本算不上有效的清单。清单的价值，并不是为了列出每项任务，而是要把我们的注意力吸引到真正要做的工作上，继而减少无谓的精力浪费。

纵观上述清单，体现出哪项任务是最重要的了吗？这些任务的时间节点是什么？全都没有说清楚。在这些任务中，有些是比较简单的，比如向客户询问进度，属于简单问题，打电话沟通即可，很容易做到。但有一些任务是比较困难的，且属于创造性的工作，如完成设计初稿，这样的任务需要认真地做计划，试问计划是什么呢？

再看构建网站的任务，实在是一种泛泛而谈，因为涉及的范围太广了。通常来说，建立一个网站需要几个连续的步骤，一环扣一环，你要保留域名、查找web主机、创建主机账户、把域名服务器指向主机服务器……这不仅仅是一个待办事项，而是由多个小任务组成的一个大项目。这样的项目出现在清单上，又没有列出其中的小任务，怎么执行？这样的项目往往就被拖延了，它会一直待在清单里，而我们的焦虑感也会与日俱增，因为这项任务没有丝毫的进展，一直是未完成的状态。

所以说，清单不只是罗列任务，它应当是一个缜密思考的过程。在你罗列的任务中，要有简单任务和复杂任务之分，简单的任务不需要过分思考，按时完成即可；复杂的需要创造性的任务必须认真地“做计划”。

做计划是一个思考的过程，需要写出实现某个任务的步骤列表，它应当能够促进任务目标的高效完成，且涵盖一系列步骤，指明完成某一任务的具体方案和程序。这也意味着，在制定清单的时候，不能只标注一个任务名称，这样太过于宽泛，而是要把这个任务进行拆分，附加详细的说明。因为任务的具体和细化能够鼓励我们去行动，且更容易让我们知道项目什么时候可以达成，我们也会由此多一份掌控感。

不要让清单成为简单的任务罗列表，要确定你想通过清单实现什么样的目的，完成哪些重要的任务。同时，还要把任务的计划写下来，这是一个思考的过程，当你完成了这个过程后，在心里预演一遍，查漏补缺。这样一来，在真正执行的时候，你可以省去大量梳理程序的精力，可以把更多的精力用在那些真正需要创造力的地方。

✧ 模糊不清的目标，会降低成功概率

新年来临之际，Y小姐给自己立下了“七字箴言”的flag：变瘦、变美、变有钱。大概每一个姑娘都有这样的心愿和目标吧，希望自己越活越有少女感，不被岁月这把杀猪刀伤害，靠自己的努力赚更多的钱，给自己满满的安全感。

听起来是很励志，完全符合现代女性的独立宣言。然而，时间匆匆，似乎还没来得及努力，转眼一年又成了过往。亲爱的Y小姐依旧带着120＋的体重，依旧拿着和去年一样的薪资，那个“变瘦、变美、变有钱”的flag，又被顺理成章地推到了下一年。

像Y小姐这样的人并不少见，他们内心也有想法和目标，却终究没能阔步迈进，抵达想去的终点。说起理由，无外乎是“没那么多时间”“精力不够用”“没合适的机会”，诸如此类。然而，这些理由真的是导致flag没能实现的原因吗？

某财经记者曾问美国财务顾问协会的总裁刘易斯·沃克：“是什么导致人们无法成功？”

沃克是这样说的：“模糊不清的目标！我在几分钟前问过你，你

的目标是什么，你说，希望有一天能拥有一间山上的小屋，这就是一个模糊不清的目标。因为‘有一天’不够明确，这种不明确就降低了成功的概率。”

记者又问：“怎样才算是明确的目标呢？”

沃克解释道：“如果你真的希望在山上买一间小屋，你要先找到那座山，我告诉你那个小屋的价值，然后考虑通货膨胀，算出5年后这栋房子值多少钱；然后，你必须决定，为了实现这一目标你每个月要存多少钱。如果你真的这么做，可能在不久的将来你就能拥有一间山上的小屋。如果你只是说说，梦想就可能无法实现。梦想是愉快的，但若没有配合实际行动的计划，就会变成妄想。”

这才是真正的原因！以Y小姐为例，她许下的心愿是——变瘦、变美、变有钱。试问：瘦和美的标准是什么？有钱要用什么来衡量？一切都是模糊的、宽泛的，只是一个笼统的概念。这样的心愿，充其量就是一个愿景，根本算不上是目标。

想让自己有看得见的改变和进步，就要拒绝那些假、大、空的目标，千万别再用“我要变漂亮”“我要变有钱”“我要去旅行”来蒙蔽自己。

一个真正靠谱、有望实现的目标，应该是什么样的呢？

·有长期性，不能一蹴而就

任何成功都要经历一个漫长的过程，中途会遭遇各种各样的阻碍和困难。如果没有长期的目标，任何一个暂时性的困难都有可能把我们打垮。长期的目标会让我们更加理性，并且清楚地认识到不可能一次性就把所有问题都解决掉，而是要在坚持中养成一种习惯，逐步向目标靠近。

·有特定性，不是泛泛而谈

设定目标的重点在于，把我们的期望集中在一个特定的目的上，比如“我要在市中心买一套70平方米的房子”“我要在3年内达到同声翻译的水平”，而不是“我要买一栋小房子”“我要一份高收入的工作”，后面的这些目标都过于笼统。

·要具体化，越详细越好

这是对特定性的一种延伸，让目标变得更为具体化，方便按部就班地尝试。

比如，你的目标是要成为一名同声翻译，那你就得根据自己目前的英语水平为自己制订一份学习计划：这个过程预计要几年时间？每年达到什么样的水平？这一阶段的目标是什么？具体到每天应该背多少单词、听多久的听力？有了这些清楚的努力方向和非常具体的小目标，你的目标才更容易实现。

·目标要务实，适应自身情况

设定目标时一定要考虑自身的天赋和才能，问问自己：我最喜欢什么？最擅长什么？有什么不同于其他人的经历？有什么特别的经验？我的需求是什么？我最大的人生理想是什么？我做过最有价值的事是什么？

搞清楚这些问题，通常设定的目标就算比较靠谱了。

✧ 没有设定期限的清单叫“许愿单”

L是我的一位读者，她对我口述过自己的梦想清单。她表示，脑子里的想法有很多，但最想完成的主要是两件事：其一，自主创业；其二，送父母一辆车。

我问她：“你想开一家什么样的公司？为这个目标做了哪些准备？预计多久可以实现？”

她想了想，说：“就开一家中等规模的旅游公司吧！公司太小没什么收益，太大了我又没有那么多的时间和精力。至于期限嘛，这个说不准，反正我会努力的。”

“那你想过没有，给自己的父母送一辆什么样的车？大概多久可以实现？送了之后你有足够的时间和金钱让他们出去旅游吗？还是让父母自己出费用去旅游？”

“送一辆越野车吧，总之是能够到处跑的那种。这个也说不准，肯定要在我开了公司以后才能有机会给父母买。”她开始埋头思考这些从未真正思索过的重要问题。

她想开公司，一家可以为父母服务的旅游公司，这为以后父母的旅行做了准备。但是，她没有给这个计划设定年限，这只是一个假设。如果自己开了公司，而且送父母一辆车，她就可以到处旅行，但是到底哪一年才能开呢？明年、后年，还是5年以后？没有时间限制，那么一辈子也可以，梦想就只是梦想。她想让父母去旅游，去哪里旅游，需要耗费多少金钱，有没有预算？如果父母行动不便，她有没有时间陪父母一起去？

存有这么多的疑问，目标不具体、不详细、不明确，没有可行的计划，没有时间的规划，只是一个笼统的概念，这样的清单如何能完成？

现实中，这样的情况并不少见，很多人不是没有想法，也不是没有努力，但梦想清单不能只停留在想法的层面，还要有可行的计划，特别是时间限制，否则，这样的清单只能被称为“许愿单”。

相比那位读者，另一个在海外工作的男生D就很懂得“清单设定期限”的重要性。

男孩D的清单中，有一个目标是在10年内成为地区销售总监，据自身的情况而言，他需要从公司的基层做起。所以，他将这个大目标拆成了N个小目标，并都设定了期限。

第一步：销售助理，年薪3万美元，预计时间1年。

1个月的目标：顺利完成培训课程，每晚练习销售报告的撰写。

3个月的目标：超过销售定额的5%，途径是搞一个连续性的直销活动。

6个月的目标：晋升为销售代表，为客户提供出色的服务。

第二步：销售代表，年薪4万美元，预计时间1年。

1个月的目标：顺利完成训练课程，像经营自己的事业一样经营业务范围。

3个月的目标：了解所有的销售产品，制订事业计划。

6个月的目标：在分店找一位老师或教练，协助自己提升销售技能。

12个月的目标：充分利用分店资源，6个月的时间内超过公司销售定额的10%。

第三步：营销代表，年薪5万美元，预计时间2年。

1个月的目标：超过销售定额的15%。

3个月的目标：参加外部培训课程，理解客户的需求，力求成为产业专家。

6个月的目标：培养领导和管理技能，成为有能力的团队领导。

12个月的目标：获得卓越营销奖，超过销售定额的20%。

第四步：咨询代表，年薪6万美元，预计时间1年。

1个月的目标：完成商业计划，制定营销定额，管理新领域。

3个月的目标：提升谈判与沟通技能，确定作为分店领导的地位。

6个月的目标：提升产品销售技能、商业管理技能，学习企业财务方面的知识。

12个月的目标：扩大销售区域，向大客户群销售更多高端产品，争取获得为超过销售定额者10%人员颁发的奖励。

第五步：地区代表，年薪7万美元，预计时间1年。

1个月的目标：学习作为一个地区代表应当具备的商业管理基本知识。

3个月的目标：阅读所有的行销计划，确定出需要执行的计划，协助本地区、各分店和销售代表完成营销定额。

6个月的目标：引进一种可以让业绩翻倍的新营销计划。

12个月的目标：完成所有目标，实现晋升为营销经理的目标。

第六步：营销经理，年薪8万美元，预计时间2年。

1个月的目标：认识团队中所有的成员，了解各个人的技能、需求和职业目标。

3个月的目标：有一份可靠的商业计划，了解各团队、各部门如何制定营销定额。

6个月的目标：营销额翻倍，开支削减，在本地区的各项商业评估中力争前茅。

12个月的目标：超过营销定额的30%，在各项评估中领先其他经理人。

第七步：地区销售总监，年薪10万美元，实现终极目标。

目标与时间密切相关，没有实现的目标终究只是个愿望。有了目标，就要想方设法缩小自己和它的距离，而时间也是相当紧迫的。不给自己定期限，目标永远都是“待办事项”，都只是一个理论上的状态。或许，开始实践的道路很难，但是有了合理的计划和安排，迈开第一步，克服各种阻碍，你就会发现这条路越走越宽，而不是长期在一个小胡同里转来转去，看着别人羡慕不已。

现在，如果你手里有一份梦想清单，不妨自测一下，看里面是否涵盖了下列内容：

我的清单中最重要的目标是什么？

为了这个目标，我需要付出什么样的代价？

我的目标大概多少年才能实现？

我的目标前进途中，有多少可以预见的困难？

我需要提前做好什么样的准备，准备多长时间？

我的目标会不会过高，可以从哪些事情入手？

我的目标有没有一个详细的计划？实现每个计划需要大概多长时间？

我在实践的过程中遇到挫折，是否需要调整自己的计划，或者改变目标本身？

从现在起，我该做哪些事情，时间该怎样分配？

我会找到哪些人帮助自己？

如果到了预计的时间还没有实现目标，会用多久来调整自己的心态？

上述问题，是实现目标不得不思考的问题，不能不去想，更不能只是想一想就完，而是要把它记在心里，提醒自己时刻保持清醒的状态，而不是稀里糊涂地“为梦想奋斗”。

我们都是自己的主人，也有权利支配自己的生命，想让自己活得更加精彩，就要拿起手中的笔，把自己的历程记录下来，给自己清单上的目标设立一个期限，让自己真正地去实践，让时间支出得有理有据。

✧ 清单的选项太多，当心决策疲劳

我经常会有这样的体验：早晨起床后，很快就能够想到，今天的早餐吃什么，比如：三明治、奇亚籽燕麦片，或者是水煮鸡蛋、鸡蛋羹，配上一点坚果，或是一份水果，既可以满足味蕾，也能保证上午的工作能量所需。

然而，到了傍晚时分，结束了一天的忙碌，我发现做选择变成了一件很难的事。我的脑子里会冒出很多念头：户外跑步、健身房游泳、窝在沙发看电视、与朋友吃晚餐、和伴侣谈谈心……很多事情都想做，却又难以抉择，就连最简单的“晚饭吃什么”，都变成了很难回答的问题。

我不知道大家在生活中有没有类似的体验，后来，我了解到有一个词语叫作“认知资源”，大致是说，我们在做决定的时候，认知资源会被快速地消耗掉，无论是简单的问题，还是复杂的决定，都会造成一定的认知损耗。

早晨起床的时候，伴随我们一起苏醒的有一定量的认知资源，所以，我们可以快速地做出一些决定。然而，忙碌了一天之后，我们会感觉很疲惫，这个时候，对应的认知资源也已经快消磨殆尽了，所以，我们能够做出理性决策的能力也会随之被削弱。

现在不少人都在奉行“极简生活”的理念，减少对物质的依赖，只保留生活的必需品，其实质也是为了减少认知资源的耗损。打个比方：如果衣橱里只有3套衣服，你很容易选择要穿哪一套去上班；可如果衣橱里有30套衣服，你可能会为穿什么出门的问题耗费一两个小时，才能够做出最后的决策。在这个过程中，你耗费掉的不仅仅是那一两个小时，还有大量的认知资源。所以，等穿好衣服出门时，你已经感到有些疲累了，而你所选的那套衣服，通常也并没有让自己感到很满意。

实际上，这就是决策疲劳。在这样的状态下，我们很难做出正确的决策。毕竟，认知资源被消耗了很多，大脑的任务处理器已经想要罢工了。所以，很多人都反映，早饭和午饭都能够保证做到健康饮食，可一到了晚上，就变得“不受控制”了。明明也想去健身房锻炼，可最后却窝在沙发上，一边看电视，一边吃薯片，选择了最舒服、最轻松的事情，而不是健康的、有益的行为。

为什么要谈认知资源，它和清单之间有关系吗？我想说，两者有非常重要的关系。

做决策需要耗费认知资源，所以，我们就要下意识地节省认知资源，减少不必要的损耗。所以，在列清单的时候，不能一股脑地把大脑中存储的所有待办事项都写进去，那样的话，你的清单选项会变得很多，且各种任务之间可能没有任何联系。

这样做的结果是什么呢？

心理学家巴里·施瓦茨提出过一个“选择困惑”的理念，即：如果我们拥有的选择越多，那么在这些选择之间做出决定的能力就越差，我们所面临的焦虑就越多。

面对清单中一大串的待办事项，我们的压力会骤增，也更容易分心，不知道该怎么选择，毕竟，每个决策都要消耗一定的认知资源，增加决策疲劳。接下来，就会陷入“决策逃避”的困境，被迫做一些低性价比的活动，如查看邮件、翻翻新闻，实际上这都是在试图逃避一件事：决定真正应该做的事。

在这样的状态下，我们的工作效率会直线下降，而待办事项中的那些真正重要的事却被一直搁置着。如果是必要的工作任务，我们可能会在截止日期到来前，加班加点去赶一下，草草了事，换得一个不太理想的结果，然而，内心难免萌生内疚、羞耻和沮丧感。

所以说，有想法、有追求是好事，但在清单上列出太多的待办事项却不是一件好事。还是那句话，养成清单思维的目的，不是为了昭告什么，而是为了筛选出真正重要的事，把时间和精力留给那些可以调整生活状态、提升工作效率、改善人生品质的人与事。

✧ 你的任务与具体目标有关系吗

在开始这个话题之前，先讲一件我自己经历过的事。

2019年春节前夕，我和一位熟识的姐姐彻谈了一次拓展事业的问题。

这个姐姐原本是做二手车生意的，这两年开始兼职做保险业务。她是一个很实在的人，又是一个很有营销思维的人，在为客户介绍产品时，会紧紧围绕客户的需求，并结合客户的实际情况，为其推荐适合的产品。我的两份商业保险都是从她那边买的。

近两年，接连看到身边的人患重疾的情况，我也对保险行业有了更深刻的认识。对普通家庭来说，能用支付得起的少部分金钱去转移扛不动的风险，是绝对理性的选择。因而，我也想过让一些对保险有偏见的人，重新认识到它的重要性和必要性。

姐姐知道我是自由职业者，就建议我跟她一起做，也能锻炼自己，额外增加一份收入。我当时很动心，也希望通过这个平台拓展自己的能力。这个想法在我脑海里盘桓了两个月的时间，我还约了姐姐年后见面详谈。

可就在元旦过后，我的一位合作客户跟我谈起：年后准备多给我一些业务，鉴于我一直“单枪匹马”地作战，建议我找一两个帮手，组建一个工作室。其实，之前我也有过这样的想法，只是自由惯了，只想顾好自己，就没有着手去做。现在，事态催着我去走这一步，也是为了将来有更好的发展，我不该拒绝。

考虑再三，我决定放弃跟姐姐一起做保险的打算，专心做我的工作室。原因有两点：其一，做保险要对自己的客户负责，我无法保证自己能够在那个行业里一直做下去，如果我离开了，很可能会伤害到我的客户，让他们感到“不安”，这是我不想看到的；其二，无论我做不做保险，我都不可能放弃现在的撰稿工作，在这方面不断拓展是我的长期目标，撰稿是一项耗费脑力和体力的工作，如果每周还要去保险公司打卡和培训，我担心自己吃不消。

人生就是不断地选择和放弃。当我意识到，我的精力和体力不足以支撑两份相隔甚远的职业时，我果断选择了瞄准核心目标，继续我的写作生涯。否则，我可能两份工作都做不好，毕竟身体是不会说谎的，心有余而力不足的痛苦，不是靠意志力能够解决的。

这件事情带给我的启发是：每个人在生活和工作中都可能会遇到类似的选择，以至于站在岔路口纠结犹豫。为此，我们需要做的就是，明确一个核心目标，最好是一个长期的、能够发展成事业的目标。在面临选择的时候，如果这个选择与我们的核心目标相关，可以将其纳入计划列表；如果它与核心目标毫无关系，甚至要占据一大部分的精力和体力，阻碍我们完成核心目标就要思量值不值了。毕竟，朝三暮四是很辛苦的，唯有专注于一个目标，付出有效的努力，才更容易实现目标，缔造出自己的神话。

把这个理念迁移到清单的问题上，同样适用。很多人在制定清单的时候，都忘记了上述的这个原则。只列出每一项想到的任务，却没有把这些任务跟具体的目标联系起来，结果就变成“为了做事而做事”，花费了大量时间去处理长远来看对自身并不太重要的待办事项。

举例来说，我在明日的清单中列出“在今日头条平台更新一篇文章”的事项，这是我认为自己需要完成的任务。但我更新文章的原因是什么？我要在这个平台有针对性地发布什么样的内容？这就是一个需要思考的关键点：我想通过更新文章达到什么样的目的？

我在头条的认证是心理领域创作者，那么我要更新的文章，就应当是与心理领域相关的主题，这样才能够吸引更多对心理话题感兴趣的人的关注。同时，也可以锻炼我撰写心理领域文章的思维和表达能力，促使更多的人关注心理健康，通过我的文章传播而获益。形成这样的正向反馈，我才能够越做越好，且我所付出的努力才更有价值。

如果只是为了更新文章而更新，那么随便写什么都可以，但这样的话，就无法在垂直领域形成优势。就算每天都在花费心思更新文章，但你没有侧重点，今天写故事，明天写散文，后天又讲心理，你怎么可能期待有更多的粉丝关注你？换位思考一下，你会随随便便在某个平台关注某一个人吗？肯定不会，除非他可以在某一领域为你带来有用的东西。

所以说，清单的任务不是随便列的，它一定要符合特定的目标。当我们能够预测完成特定任务的积极结果时，我们就不会轻易拖延；在不考虑其他变量的情况下，对结果越确定，就越可能采取果断的行动。如果你发现，清单上的某些任务让你疲于应对，或者不确定它能给自己带来哪些益处，那就要斟酌一下：这个任务有没有保留的必要?

时间有限，精力有限，咱们别做无用功!

✧ 没有背景信息的任务是无效的

下面有几组清单任务的描述，我们来对比一下：

第一组：

· 运动

· 早起有氧运动半小时

· 早起户外跑步（跳绳）半小时

第二组：

· 读书

· 饭后阅读小说《我的天才女友》

· 饭后利用站立半小时的时间，阅读小说《我的天才女友》20页。

第三组：

· 给合作伙伴打电话

· 明天上午9点给合作伙伴打电话

· 明天上午9点给合作伙伴打电话，利用10分钟时间沟通产品文案

看完这几组清单任务的描述，对比不同的描述，你有什么样的

感觉？

是不是光看“运动”“读书”“给合作伙伴打电话”这样的简单描述，感觉很空洞，甚至没有重视它、好好完成它的欲望？当我们给任务加上了执行时间的状语后，比如“饭后阅读《我的天才女友》”，会感觉思绪变得清晰了一点，知道该在什么时间去做这件事。

当我们把上述的3项任务，加上了特定的执行时间，以及具体要做的内容后，这个任务就变得非常“生动”了。因为任务有了背景信息，我们可以知道要用多长时间去完成这项任务，它有多重要，以及它和哪些大目标相关，且知道是否需要获取某些资源来处理这项任务。

列出这个任务描述的对比，目的是强调一个问题：制定清单的时候，记得为你的任务添加场景！没有提供任务场景的清单，通常是无效的，甚至是弊大于利的。

所谓的弊端，就是不会促使我们重视它，不知道具体的细节，结果让清单变成对未解决和未完成事件的持续记录，而不是对我们需要完成的事件的记录。打个比方：如果清单上的任务只写到“读书”二字，无论是日清单还是周清单，我们通常不会特别重视“读书”这个任务，因为没有给这个任务安排具体的时间，也不确定它的优先等级，很可能就是，做完了其他的事情，有空就读一下，没有就算了，然后把这个任务顺延到下一天、下一周。

这样顺延下去，你可以猜想得到，很有可能就是一个月之后、半年之后，你一本书也没有读完，而这件事一直都是“待办事项”“未完成事项”。这样的清单任务就是无效的，因为没有实现“自我进化”。你列得再多，相较过去，自身却没有在这个任务上实现任何的进步和蜕变。

如果你的清单出现了上述的问题，那么仔细观察一下，是不是你没有意识到要给任务添加场景？在不知道其细节的情况下，我们难以决定是否处理待办事项，这是问题的关键。

✧ 情绪状态决定清单的执行力度

一匹名为“格里尔”的良种赛马，早年多次获得过赛马的佳绩，后被人视为1902年7月的竞赛中的种子选手。由于它获胜的可能性极大，因此得到了精心的照顾，并被广告宣传有可能打败另一位优势赛马“战斗者”。

1902年7月，在阿奎德市举办的德维尔奖品赛中，这两匹马终于相遇了。

那天是一个盛大的日子，所有人的目光都盯着起点，大家都清楚，这将是“格里尔”和“战斗者”之间的一次殊死搏斗。在跑了1/4的路程时，它们不分上下，直至跑到3/4的路程时，依然难分胜负。在仅剩余1/8路程的紧急关头，“格里尔”用力向前蹿去，冲到了前面。见此情景，“战斗者”的骑手也急了，他在赛马生计中第一次用皮鞭鞭打坐骑。

此时的“战斗者”，像是被人放火烧了尾巴一样，猛地蹿了出去，与“格里尔”拉开了距离。相比之下，“格里尔”如同静静地站在那儿。赛马结束时，“战斗者”领先了“格里尔”整整七个身长。

“格里尔”原本是一匹精良的赛马，是一匹很有潜能的马。然而，这一次的经历却让它受到了重创，它的状态一下子从积极活动转变成消极低沉，从此一蹶不振。在后来的所有竞赛中，它再没有过出色的表现，总是简单地敷衍一下，就退出了赛场。

讲这个故事，是为了诠释情绪与行为的关系。当我们陷入焦虑、沮丧或恐惧的情绪中时，我们的潜能发挥就会受到影响，工作效率降低是不可避免的，甚至连那些平日里正常可以完成的事情，都很难将其做好。

研究表明，慢性压力和恐惧会改变大脑的功能状况。我们进行思考和作出理性决定的能力，会受到应激激素（如皮质醇）积累的影响。神经科学家发现，随着时间的推移，这种状态会损害大脑，妨碍我们的决策能力。

当你的清单任务都比较详细，涵盖了截止日期，也提供了任务场景，且保证了任务和特定的目标相关，而最终还是没有很好地完成时，你可能需要反思一下：是不是消极的情绪影响了你的执行效力?

其实，美国学者艾伦·贝克早在1985年就曾经提出，感觉与思维之间有着密切的关系：“当我们情绪低落时，我们的思维和回忆总是向坏的方向发展，结果导致情绪更加阴暗。思想变坏之后，情绪又跟着变坏，从而进入一个越来越抑郁的下降螺旋。”

当我们被焦虑、恐惧、愤怒等消极情绪紧紧地缠绕，又无法找到出口时，自身的状态会持续地走下坡路。这个时候，任何人都很难热情饱满地去面对工作和生活，更难以调动思考力和创造力，作出理性的决策。

如果你在工作期间，效率一直不佳，列出的清单任务也很难完成，那么在排除前面提到的那些“清单本身存在问题”的情况后，就要评估一下自己的情绪状态了。你是不是正陷入一些麻烦中，饱受负面情绪的折磨？这个负面情绪到底是什么，焦虑、愤怒，还是恐惧、悲伤？是什么原因让你产生了这样的感受？

消极情绪是人性的一部分，谁也不能绕开，更不必抗拒。当我们能够确定引发消极情绪的原因，且意识到这些时刻只是暂时的，就可以采取相应的措施去扭转现状，继而减轻自己的压力，重新找回积极的状态。

情绪状态对我们的执行力有直接的影响，很多时候，这不是依靠意志力可以解决的。换句话说，要处理问题，先处理情绪。把自己调整到一个好的状态，我们才能够头脑清晰地根据有效的清单，在有限的时间内完成既定的任务。

Chapter/04

会做又会用清单，其实并不简单

✧ 怎样正确设计和制作一份清单

前面的内容中，我们着重强调了，如果清单本身存在问题，或是在执行清单的过程中被负面情绪干扰，那么很有可能无法收获预期的正向结果。

为了避免从一开始就执行“错”的清单，接下来，我们就全面地解析一下清单该怎样正确设计和制作。这是一个很关键的问题，它直接关系到后期执行顺利与否，以及最终的执行结果。这就好比出发之前设置导航，如果你没有设置对，它就无法引导你走正确的路。

想要制作出一份比较完善的清单，就要知道清单的设计与制作流程。通常来说，我们在设计清单时，要遵循以下几个基本步骤。

· Step1：准备好纸笔，明确清单的目的，制定符合实际的内容

有句话说：“好记性不如烂笔头。”清单的设计和制作，不能只停在脑子里，一定要落实在纸面上。你可以准备一个笔记本或是一张优质的纸，把你制作清单要实现的目的完完整整地写下来。这样的话，你可以加深自己的记忆，明确自己想要通过清单实现什么，后期的任务和内容都可以围绕这个目的来展开。

这里有一个重要的问题，就是你要实现的目标、你所列的内容，是不是符合实际？比如：你现在的口语水平是初级，那你不能说，希望通过一个月的学习，可以实现无障碍口语交流；你现在的体重是70千克，你给自己制定了一个月减20千克的目标，这都是不合理的。

至于清单的外观和内容的样式，你可以用思维导图的形式呈现，也可以用1、2、3、4等项目分级的方式呈现，这个没有固定的模式，只要符合你的习惯就好。毕竟，这份清单不是给别人看的，而是引导你自己去执行的。

·Step2：为清单的每一项目标任务设定截止日期

关于“设定期限”的重要性，无须再赘述。限定时间的目的是在有限的时间内完成更多的事情，也是提高效率的一种方式。不过，对时间的把控并不是从执行任务的那一刻开始的，而是从制作清单之始，就要给自己先定时间范围。否则，你很有可能会为了制作一份完美的清单，一直停留在制作的阶段。所以，从制定清单开始，就要有强烈的时间观念，充分利用每一分钟，在规定的时间内，完成每个阶段的不同任务。

·Step3：清单设计简单、一目了然、突出关键点

制作清单时，要明确清单的目的，让每一个任务的所有步骤了然于胸，并将其很好地落实在纸张上。这不是一件简单的事，需要我们在头脑中对所要做的事情有一个非常清晰的思路，同时都还要有将语言转换成文字的能力。

有了一份思路清晰、语言简洁的清单后，在后期查看的时候，你可以一目了然地知道下一步该做什么，知道关键点在哪儿，不用再花费时间去分析，从而更加顺利、高效地执行任务，尽快地实现目标。

· Step4：清单计划的强度要高于平时，涵盖奖惩措施

想通过清单改善工作和生活状态，提高自己在某些方面的能力，你所制订的清单计划的强度，一定要高于平日的工作强度，但又要保证在可承受范围内。强度太低没有效果，还容易滋生惰性；强度太高很难完成，容易沮丧和气馁。

可能你会问：什么样的工作计划强度算合适的呢？有没有标准？简单来说，这个强度就是你付出99%的精力可以完成某项任务，既保证了高效率，留下的1%又可以作为缓冲，不至于让自己精疲力竭。

不仅制订的清单计划要严格，在执行方面也要设立严格的奖惩措施。比如，清单上要求今天完成的任务，不能随意拖到明天；要求1小时完成的任务，不能随意延长到2小时。如果没能按时完成，要想一些措施来惩罚自己：晚上慢跑半小时，本周不能外食，等等。总而言之，无论是奖励还是惩罚，都要尽量让它们具备积极意义，对身心有益。

· Step5：充分运用数据，制定科学的、实用的清单

清单一定要在理性思维之下制定，不能想一出写一出，那样的清单无法得到有效的执行。为了让清单更科学、更有实操性，我们就要学会充分地运用数据。

首先，学会用数据标记一天的生活，如：一天24小时，睡觉、工作、休闲娱乐、运动等各需要几个小时？把这些活动所用的时间记录下来后，就可以发现自己在哪些地方浪费了时间，然后重新规划，列一个清单。

其次，尽量以数据标记清单，让清单看起来比较统一，且便于执行。比如：早上6：30分起床，8：00上班，在7：00~7：30读书30分钟。这样一来，你会对自己要完成的任务非常清晰，且有了时间的压迫感，也会不由自主地提高效率，没有多余的时间让自己发呆、磨蹭。

·Step6：预测清单的执行结果，检验清单的可行性

制作完清单以后，需要对清单的执行结果进行预测，再次检验清单的可行性。完成这个步骤之后，才可以开始正式执行。那么，具体该怎样预测呢?

我们可以随机抽取一个小任务，在规定的时间内完成它。如果全力以赴却没能完成，就说明这个清单的难度太大了，需要稍作修改。如果在规定时间内可以完成，那就要看完成的效果怎样，结果是非常出色，还是勉强完成?这些都能够给我们带去一些反思，让我们进一步判断：这个清单是否具有可行性，能否保证比我们过去的工作效率高?

总之，做好了这些工作，制定出科学的、有效的清单，才能够真正地帮助我们改善生活状态，才能让我们所做的努力有所回报。

✧ 清单是指示工具，执行的主体是人

制定好科学有效的清单之后，就要进入执行的阶段了。这是一个令人振奋的开始，许多人满怀期待，且信誓旦旦，要求自己一丝不苟地去执行任务。态度可敬，只是方式需要斟酌。毕竟，我们要明确一点：清单只是一个指示工具，执行的主体永远是人。

大家开车的时候都用过导航，从总体上来讲，导航可以实现95%的准确率。然而，我们也会发现，在某些时刻，赶上临时施工或修路，道路暂时封闭，而导航却暂不知晓，它还是会提示我们按照原来指定的路线行走。这个时候，显然就不能听导航的，而是要发挥我们的主观能动性，调整路线。

同理，使用清单也不能完全一板一眼，要学会在适当的时候，灵动变通。倘若为了按照清单上的内容执行，忍痛推掉重要的聚会，或不顾自己的身体状态，就有点儿本末倒置了。本来，使用清单的目的是让工作和生活变得简单一些，现在因为清单的存在，反倒像是多了一项艰巨的任务，让自己身心俱疲，实在是得不偿失。

那么，有没有什么办法，可以避免这样的情况发生呢？结合自身

的一些体验，我觉得，在执行清单的时候，我们要做好两件事。

·第一件事：当清单内容与实际情况相冲突时，要以实际情况为基准

清单上的内容，是我们对于未来的工作与生活的一种预测，但它并不能够真正代表我们今后的工作与生活状态。毕竟，我们在制作清单的时候，是停留在“假设一切如现在般正常”的状态下。然而，计划赶不上变化，在执行的过程中，清单上的内容会与实际的状况发生冲突，比如，你原本安排好周末下午2:00-4:00读书，结果家里的小宠物生病了，需要去看医生。这个时候，就不能再按照清单上的内容去执行，而要学会变通，先顾及小宠物的安危。把这个要紧的事情处理好之后，晚上有闲暇的时间，再把白天的读书任务补上，这也是可以的。

说到底，清单只是工具，执行的主体是人。这就好比，开车需要导航，但不能完全依赖于它，我们要的是借助工具更轻松、更方便地处理问题。如果在执行的过程中，发现还有更好的执行方式与解决方案，那也可以按照全新的路线去走。

·第二件事：执行清单任务的时间，可以灵活地进行调整

有时候，清单上的内容与我们正常的生活与工作并不冲突，甚至还是有益的，只是时间上有点出入。比如：原本计划晨读英语，但公司搬家了，距离有点远，这时候就要主动调整执行晨读任务的时间，以适应目前的状态。

再如：上午原本就安排执行两项任务，完成之后发现，自己的状态依然很好，这时候也可以再多执行一项任务；反之，如果只做了一项任务就觉得有些疲累，那可以把下午的一些简单任务挪过来，适当做个缓冲。这样使用清单就显得灵活多了，不用被执行时间完全束缚，让清单执行起来更顺利，更有助于我们完成任务。

无论何时，都不要被清单束缚，使用清单就是为了换得自由与自律。倘若清单的存在变成了一个沉重的负担，那就有必要审视一下：到底是清单出了问题，还是你在执行的过程中出了问题？清单就是工具，用对它、用好它，才能促成正向的改变。

✧ 执行清单，只是简单地打“√”吗

最初接触清单的时候，我特别迷恋一件事：打“√”。我把清单当成一个个任务，每完成一个任务，内心格外欢喜，就会在任务的后面打个“√”。看着清单上的“√”越来越多，有种如释重负的感觉，如同在昭告自我：看，我完成了！

这样的状况持续了一段时间，后来我发现，当我把执行清单等同于简单的“√”以后，我的关注点几乎全都放在了“结束任务”上，也就是满足于“我做了某个任务”；但我忽视了对清单执行结果的判断，也就是没考虑“效率高不高”。

有段时间，我给自己制订了一个跑步计划：每天慢跑半小时。当然，现在回过头看，这个清单任务是不太合格的，因为不够详细，这也导致了我后来仅仅满足于“今天我跑步了”这件事，而忽略了过程中我是怎么跑的。实际上，跑步的配速、公里数，是评判跑步效率的关键因素，慢跑半小时完成2公里和完成5公里，根本不可同日而语。

后来，我就把这个任务细化了一下：每天慢跑半小时，至少完成5公里。这样一来，我就能够直观地感受到：我在执行跑步这项任

务时，现阶段的水平什么样？一个月之后，我的水平又是什么样？然后，该如何调整计划，让自己有进一步的提升？

做与不做当然是有区别的，但决定结果的关键在于，做事的过程是什么样的。用一分精力去做，和用九分精力肯定不一样。这也再次印证了一个事实：细化任务非常重要！其次就是，我们执行任务的状态，不能停留在简单地打“√”这个层面。

那么，打“√”是不是完全不对呢？怎么做才算是正确地执行清单呢？

我们可以通过3个方面来分析和评判自己执行清单的状况。

·第一，清单给你带来了动力，而不是负担和束缚

打“√”的行为，本身没有对错之分，关键是我们以什么样的心理去打“√”。如果是像我之前那样，为了完成跑步这项任务而去打“√”，那就需要警惕了。

这就好比，你常玩“糖果传奇”的游戏，已经进行到269关，你对它的热情已经没有当初那么强烈了，之所以每天都玩，就是不想让之前的努力白费。可是，每次打开游戏的目的，就是为了多通过一关，完成任务就下线，变成了例行公事。至于玩游戏的乐趣，早已经荡然无存，这就没意义了。

我们制作清单，为的是让自己更有动力，而不是背上负担。动力这个东西，是让人对自己、对未来充满希望的，愿意为之不断努力；负担则不一样，它像是束缚人的枷锁，其存在就是一种压迫，让人机械式地去完成一个个任务。

·第二，借助任务的完成情况，检验清单是否有积极效用

清单制作好之后，能否发挥出积极的效用，需要用结果来检验。就像我前面提到的，制定了跑步的任务，我应该在一个月之后，用自己完成5公里的时间和配速，去判断这个计划是否让我的体能得到了提升。如果我感觉到自己有进步了，那么，这个清单就是有效的。

在这样的情况下，就算我没有在任务清单上打“√”，也没什么关系。因为，我已经切身地感受到了自己的进步，我会发自内心地认可这份清单，并愿意继续执行下去。通过这件事，我也彻底领悟到了一个事实：当打“√”行为变成例行公事时，说明自己已经对执行清单任务没什么热情了。这样的状态，无法实现自我进化，完全是在做无用功，浪费时间。

那么，有没有什么办法，能让执行清单不流于表面功夫呢？

这里强烈推荐“4W1H”原则，你可能在其他书上了解过它。实际上，它也适用于清单的执行，可以有效地帮助我们提升效率。当我们在执行清单时，如果能够准确回答“4W1H”这几个问题，就可以保证执行清单的准确性。

·Why——为什么我要这样做？

明确目的：我为什么要做这件事？在执行清单时，只有明确目标，才能得到预期的结果。还以跑步为例，我制定跑步清单任务的初衷是什么？为了身体健康，提高体能和代谢率，保持匀称的身材，这是我的目的。那么，如果有一天，我跑步跑腻了，突然想跳绳或游泳了，那我可以调整清单的执行方法，变换一下运动方式，但我的目标始终如一，因为一直记得自己为什么要做这件事。

· Where——在哪里执行任务更好？

在哪里执行任务会更好，这虽然不是影响清单执行结果的主要因素，却可以间接地帮助我们更好地完成任务。每个人对不同的环境会产生不同的心理感受，自然也有喜欢和不喜欢的地方，能在喜欢的氛围下做事，效率自然更高。

就拿运动来说，在室内跑步机上跑和在户外跑，完全是两种感受。有些人图方便，就喜欢在家里备一台跑步机；有的人觉得室内跑太枯燥，坚持不下去，那就可以去户外，一边欣赏风景，一边执行跑步任务。总之，选择在哪里执行任务，为的是带给自己更好的感受。

· When——什么时间做这件事？

每个人都有自己的生活方式和习惯，明确什么时间做哪件事情很重要，它不仅影响清单任务的执行结果，也关系到能否掌控自己的节奏。就如我们前面说过的，当生活中突发一些状况，就要灵活地调整执行清单任务的时间，这样做的目的，是既可以完成任务，也不会影响做事的状态，一切都跟随自己当下的状况和节奏来。

· What——如果……可以做点什么？

在执行清单的时候，我们偶尔会提前完成任务，偶尔会因意外状况无法执行任务，这个时候，我们都需要问自己：我可以做点什么？

明确了这一点，我们的效率会得到提升，在心理上会得到释放，这样的状态，对最终的执行结果是有利的。

· How——我应该怎样做？

做事的方式和过程直接影响做事的结果。这就是说，在执行清单上的任务时，我们需要了解详细的任务步骤，知道该怎么去完成它，每一步做到什么程度。对要做的事情有一个整体的把控后，即便遇到突发状况，我们也能轻松应对。

以上就是高效执行清单又不被清单束缚的一些有效方法，希望它能给你带来一些积极的启发，让你不再简单地把执行清单和打“√”等同起来。

✧ 要立足于清单，尝试更多的可能

制定清单的主体是人，执行清单的主体也是人，这就意味着，要正确地、高效地使用清单，需要自主意识。我们要明确知道，自己想要的是什么，通过什么样的方式实现这一目的，进而完全掌握自己的行为。

郑人买履的故事想必大家都听过：一个郑国人准备到集市上买双鞋子，为了买鞋方便，他事先用一根绳子测量了自己的脚长。当他来到集市后，发现量好的绳子没带，就想着赶紧回去取。这时，卖鞋的商人说，你可以用自己的脚试一下鞋子是否合适。谁想，郑国人一脸严肃地说："我宁愿相信量好的绳子，也不愿相信自己的脚。"

很多人都嘲笑过故事里的郑国人，可回过头想想，如果我们犯了"唯清单是从"的错误，又跟这个郑国人有什么区别呢?

清单，是立足于当下制定出来的。为了少走弯路，顺利实现目标，我们会写下完成清单的步骤，但这并不意味着，做事的方式方法仅限于清单。清单只是实现预期目标的工具，在立足于清单的同时，我们还应当放眼大局，开阔视野，提升应变能力，尝试更多的可能性。

那么，怎样做才能够不局限于清单，在使用清单的同时着眼于大局呢?

·以完成目标为主，把清单视为辅助工具

当我们明确地知晓，清单只是我们实现目标的辅助工具时，就不会轻易被清单束缚。这就要求我们时刻谨记，完成目标是第一要务，而清单不过是一个助推器。换句话说，我们不只是为了完成清单，而是为了让自己获得高效率的工作，以及高质量的生活。通过制作和执行清单，我们可以提升各个方面能力，这才是真正的意义所在。

·以人生发展为主，不同阶段有不同的目标

一份清单只能帮助我们实现一个目标，但人生中不可能只有一个目标。在不同阶段，人生起码会有一个主要目标，比如：学生时代是为了考上理想的大学，工作之后是希望获得职场发展，这充分说明了一个事实：我们不能完全依赖于清单，而是要以人生发展为主。

当我们为了实现一个目标而努力奋斗时，所做的一些事情可能会阻碍另一个目标的实现。比如，很多职场女性会为事业和家庭无法兼顾的问题头疼，内心总希望可以两全，但事实告诉我们：两者真的很难做到兼顾，只能说在某一时期选择一个侧重点。如果你这两三年看重的是事业发展，就需要争取家人的支持与配合，协助照顾好家庭；如果你暂时想陪伴孩子，照顾家庭，就要收回在事业方面的一些时间和精力。

当两个目标发生冲突的时候，需要我们去分析利弊，关注内心最渴望的，找到最佳的做事方法，而不是照搬清单的内容，像机器一样去执行。毕竟，人的时间和精力有限，把自己弄得筋疲力尽，最后可能什么也得不到。

·以活得更好为主，实现目标不是人生的全部

人生是由无数个目标串联起来的，但实现目标并不是人生的全部。在现实生活中，我们可能会有诸多不同的需求，比如：和家人在一起，享受休闲娱乐的时光，培养一份兴趣爱好等，这些不需要通过清单来实现，可它们却为生活增添了很多色彩。为了清单而舍弃这些美好，也是得不偿失的。

总之，清单是一个很好的工具，能协助我们更快更好地达到目标。可话说回来，如果清单的存在让生活变成了一个任务处理器，时时刻刻都被安排好去处理不同的任务，那“我们”又在哪儿呢？生活还有生活的味道吗？

✧ 检验清单效用的最好方法是实践

实践是检验真理的唯一标准，也是检验清单是否有效的最好途径。一份清单制作得再精细，如果不能通过实践的检验，也是没有意义的。所以，我们制作完清单后的第一件事，就是先从中抽取一个任务进行实践，以检验该任务是否可行。

需要注意的是，当我们刚制定好清单时，大脑处于比较兴奋的状态，做事的效率也很高。在这样的状态下，如果无法提前完成任务，就很难保证在日复一日烦琐的生活中按时完成任务。同时，我们也要检验一下，执行任务的方法是否可行。一旦用错了方法，就等于南辕北辙，会让我们离目标越来越远。

清单上制定的结果和目标是固定的，但现实生活时刻都在发生着变化。通过检验，我们可以了解到清单上的内容与实际的差距，并且提前知晓在执行过程中可能会遇到的问题。这样的话，就可以及时根据已知信息，制定出相应的对策。

上述所言，主旨是让我们认识到，想让清单发挥出更大的价值，一定要做好检验工作。这种检验是一种“试执行”，而在真正执行的过程中，我们依然要借助实践进行检验。这一次，检验的内容不只是清单的可行性，还包括我们的生活与工作状态。

在使用清单一段时间后，我们可以按一下暂停键，思考目前的生活与工作状态跟以前有什么不同，是比之前好了，还是不如从前？这些都能够直接说明清单产生的实际效用，也在提示我们：是该继续执行，还是要进行调整和改变？

那么，具体该怎样借助清单这个指引工具，审视我们的生活与工作状态呢？

这里涉及3个时间点，也就是说，要结合3个阶段的情况来共同检验。

·第一阶段：执行清单之前，结合现状进行检验

在执行清单之前，我们要对清单进行检验，确保它适用于当下的生活和工作状态，不会在时间上有什么冲突。如果有些清单不是需要立刻执行的，那就等到了临近执行日期的时候，再去检查。这个时候，我们的生活与工作状态与之后几天的情况在大概率上不会出现太大的变化，此时对清单进行检验最为合适。

·第二阶段：执行清单一周后，审视现状有无变化

按照清单上的内容执行一周后，我们要重新回过头来，审视一下这面“镜子”，检测它给我们的生活与工作现状带来了哪些变化，我们是进步了，还是后退了？是更有动力了，还是略感沉重？这样的一番审视，能够让我们知道，是要继续执行这份清单，还是要作出调整。

在这个阶段，由于清单所发挥的作用不同，采取的检验方式也有差别。有些清单是为了提升工作效率，而有些清单是为了完成既定任务，我们要根据不同的目标所达成的结果，进行区别对待，才能真正检验出清单是否有效。

当检验出结果后，无论是继续执行，还是要作出调整，都不要迟疑和拖延，立刻投入行动中，“趁热打铁”才能收获最佳效果。

·第三阶段：执行即将完成前，检验是否实现目标

在清单即将执行完的阶段，很多人都会想到，再努把力就大功告成了。殊不知，这个阶段也是需要对清单进行检验的，因为完成清单并不代表目标实现，我们在执行清单的过程中，很有可能会偏离既定目标。如果不进行检验，就会犯“只为给清单任务打√”的错误。

在这个阶段，调整已经无法在很大程度上影响清单的走向，但因为有了前面的两个步骤，我们的清单不会在大方向上出现问题。此时，只要细微的调整，就可以回归到正确的轨道上来。如果说，通过微调后发现，仍旧无法实现目标，那就只能忍痛放弃，汲取这次清单的教训，在此基础上重新制作一份清单。对于一些较难实现的目标，这样的情况比较常见，需要一次次地进行检测，不断优化改进。

总而言之，把清单视为一面“镜子”，用它检测自己的生活与工作状态发生了怎样的变化；反过来，再用这些变化去审视清单，究竟是有效的、可继续执行，还是有问题的、需要进行调整。在实践中检验，再用检验的结果去调整实践，相辅相成。

✧ 事情偏离了预期，该不该放弃

Z是我在心理课上的搭档，最初我们的学习清单计划都是完成心理咨询师三级二级连读课程，并考取相应的心理咨询师资格证书。在三级课程学习完毕后，我和Z都参加了当年的职业资格考试，Z顺利通过了三级考试，而我因为考试期间家里遇到了意外情况，状态很不好，差4分没能通过技能科目的考试。

第二年，我们为了消化吸收学过的知识，没有紧跟着续读二级的课程。不过，Z还是参加了心理咨询师二级考试，而我也重新考了三级，顺利通过。然后，就在那一年，国家决定取消心理咨询师职业资格考试，这就意味着，Z搭上了末班车，而我没有机会再去考二级了。

我们当初报考的是三级二级连读课程，还有剩下一年的二级课程没有学习，可国家取消了考试，培训机构只能对原计划的二级课程重新整改，改为“中阶课程”。我在暂停了一年后，继续学习中阶课程，但Z没有上这个课，她去了其他机构，报了一个实操的课程。

按照原来制定的清单来看，事情俨然偏离了我们的预期，谁也没想到，资格考试会取消，课程也发生变化。那么，遇到这样的状况时，我们该不该怀疑当初制作的清单出现了目标失误呢？换句话说，是不是我们的目标设定有误呢？

我觉得，不应该这样界定。虽然我和Z原本的目标都是完成三级二级连读课程，通过三级二级考试，但读完课程、考取资格证书，只是实现目标的一种外在的形式，我们真正想要的是通过学习和考试，巩固心理学的理论知识，在课上的互动中加深理解和体验，最终在获得知识与技能的同时，实现自我成长，更好地应对生活中的各种问题。

从这个层面来说，我没有考到二级证书，Z没有参加中阶课程的学习，但并未影响我们在这条求知路上继续走下去。我在读中阶课的那一年，也有巨大的收获；Z通过另一家机构的实操课，正式开启了她的心理咨询师职业生涯。虽然事情没有按照我们预期的轨道发展，甚至变了模样，可根植于我们内心的大方向并没有改变。

借助自己的这段经历，想跟大家分享的是：当我们使用清单后，发现一些事情偏离了自己原本设想的样子，不要立刻怀疑是制作的清单出现了目标失误，对其内容进行更改，这会造成不必要的麻烦。到底是不是目标失误，我们需要从几个方面来界定。

·第一，某件事情出现偏差，有没有导致整个目标发生改变？

一件事情所达成的结果，跟我们最初的设想存在偏差，这是很正常的情况，我们不能就此否定整体清单。我们要做的是，观察这件事情出现偏差后，是否让我们的整体目标发生改变？如果整体目标的方向不变，有些许偏差也不必太在意。

这就好比：你是一个渔夫，靠捕鱼为生，原计划是通过撒网来捕鱼，但那天渔网破了，你就转变了方式，用鱼竿钓鱼。虽然和原来设想的情况不太一样，但只要能够及时捕到鱼，解决伙食问题，用哪种方式捕鱼并不是最重要的。

·第二，体会执行清单后的真实感受，是愉悦还是痛苦？

在执行清单一段时间后，我们可能会发现，距离目标还有很长的距离，这个时候，我们很容易对清单的目标设定产生怀疑。实际上，到底是不是目标失误，自己切身的感受是最好的证明。在执行清单后，你是觉得很愉悦，想继续坚持下去；还是痛苦不堪，觉得自找罪受？

如果是前者，那说明清单满足了我们在某些方面的需求。尽管中间有些许偏差，让我们感觉距离目标甚远，这个时候，相信自己执行清单后的切身感受，我们就会回归到理性上来，知道自己所做的事情是值得的，也是正确的。只要方向没错，稍慢一点也无妨。

·第三，观察执行清单之后的结果，不去设想未知的事件。

事实胜于雄辩，没有发生过的事情，并不能够说明现在的情况是不对的。所以，在执行清单后，要观察既定的结果，如果它并未让整体情况变糟糕，就不能对目前所做的事情下定论，说它是错的。

在得知无法完全按照清单去执行的时候，不要即刻怀疑清单出现了目标失误。试着从上面的3个方面进行分析，去判断事实和真相，做出恰当的回应。

✧ 发现清单有误，怎样进行微调

不少人都有这样的疑问：如果经过检查和评估，发现清单的确在某些方面存在错误和不足，与目标存在偏差，该怎么处理呢？答案十分肯定，就是要进行调整和修改，以便继续执行，不影响目标的实现。

怎么调整和修改呢？这是一个技术活，绝不是想怎么改就怎么改，想什么时候改就什么时候改。我们对待清单，要有严肃的态度，只能在特定的情况下，进行少量的修改。

试想一下：一张精心制作的清单，被改得面目全非，涂抹得乱七八糟，面对这样的一份清单，你的内心对它还剩余多少敬畏？还愿意按照它去执行吗？就算是执行，也得花费时间和心思去辨别内容，哪些是被划掉的，哪些是划错的？原本制作清单是为了省劲，到最后却，凭空给自己增加了不少麻烦。

所以说，清单不可以随意更改。除非遇到以下几种情况，才能进行少许修订：

· 清单上的任务执行时间与现实发生冲突

清单不是随意列出来的一张表，而是花费了时间和精力，又经过再三检验才确定可执行的，因此，一般情况下不会出现什么问题。所以，我们对待清单也要有敬畏心，不可随意涂改。除非清单上的任务执行时间和现实发生冲突，无法保证正常的生活与工作节奏，这个时候才有必要进行修改，修改的幅度不要太大，在必要的位置做个记号即可。

·清单上的任务执行顺序与现实发生冲突

清单的制定毕竟是建立在设想之上的，有可能遇到一些意外状况，导致任务执行顺序与现实发生冲突。在这样的情况下，我们就有必要对清单进行修改，调整一下任务顺序。在调整的过程中，还是以保证改动最少、实现调整最优化为前提，尽量不要破坏清单整体的协调性。

如果说，清单上出现了大量需要修改之处，那么很遗憾，这个清单应该舍弃。这样的清单，就算进行了修改，也会降低执行的效率，破坏执行的结果。与其抱残守缺，不如果断放弃。

·其他几种特殊情况，亦可对清单进行修改

上述的两个原因是最常见的，另外还有几种特殊情况，也需要对清单进行微调。

（1）由于实际情况发生改变，需要删除或增加一些任务。

（2）清单中的任务被迫中断，需要进行简单的调整，以便后续执行。

（3）提前或延后完成任务，需要对清单进行少量改动。

看到这里，想必大家已经清楚，在什么样的状况下，可以对清单进行修改和调整。但我们也反复强调了一个重点，清单的修改仅限于“微调”，决不能大动干戈。

那么，“微调”这个度，该怎么把控呢？我们要做好3件事：

·第一件事：保持清单整洁，页面不被污损

在修改清单时，保持外观的整洁，不随意涂改，这是很重要的事。毕竟，清单也带有一种“仪式感”，保持整洁是对工作成果的尊重，更能方便日后执行任务。

为了避免污损外观，我们要三思而后改，即便发现某处存在错误，也不要顺手就涂改，还要看看其他地方是否需要修改。把要修改的地方都找出来，看看怎样调整是最合适、最简洁的，然后再着手去做。在修订的过程中，不要让液体沾染了清单页面，弄脏了的话，一来不太美观，影响心情；二来也会影响我们查看任务。

·第二件事：保证清单的整体性不被破坏

无论清单出现什么样的问题，在修改的过程中，都不能破坏清单的整体性。如果清单变成了断断续续的任务“拼图”，就算是完成了全部任务，也难以实现目标。如果任务不统一，就缺少循序渐进提升技能的突破点，做再多的任务也只是数量上的增加，难有质的改变，陷入低水平重复中，就无法实现目标。

怎样保证清单的整体性不被破坏呢？最简单的办法就是，不要把所有任务都调整一遍，如果每个任务都存在类似问题，那可能这份清单本身就有问题，不如换一份新的。如果是可进行修订的，不妨在清单的空白处贴一个便利贴，写上修改意见，这样既不会破坏清单的整体性，也可以保证页面的整洁。

· 第三件事：保证清单任务的逻辑性不被打乱

清单上的任务排列，以及每个任务的完成步骤，都存在一定的关联，要按照这个排列依次完成，才能达到最佳效果。当我们发现清单上的某些任务存在问题，需要对其进行修改时，一定要保证任务的逻辑性不被打乱。这就要求，在修改清单的时候，从整体上把握，不要只盯着细枝末节。这一点和第二条有点像，也需要在通篇审视后，再去修改。

做好上述这3件事，我们在对清单进行修改时，才能最大限度地实现通过微调来完善清单。否则的话，清单很有可能会被涂抹成一张废纸，前功尽弃。

✧ 没有最好的清单，只有更好的清单

清单是我们为了实现某个目标而制定的一种工具，发挥提醒和指引的作用。然而，我们也说过，人生在不同的阶段会有不同的需求，原来制定的目标会随着时间的推移和个人情况的变化发生改变。这个时候，原来的清单可能不适用新阶段的目标和现状，这就需要我们对清单进行完善和优化。

一切都在变化，没有永不过时的清单，再完善的清单也会随着时间的推移与现实生活产生部分脱节。可以说，清单的调整和完善是没有终点的，不存在最好的清单，只有更好的清单。我们要认清这一事实，并在制定和使用清单的过程中，为将来的完善和优化做好铺垫，给清单创造优化的条件。

那么，具体可以做哪些工作呢？在此，列举几条重要的举措。

·制定清单时，考虑到时效性，预留出空白

清单是根据当下的情况制定的，极有可能过了几个月甚至半年，情况会发生变化，而清单也需要随之进行修订。为了给将来的修改留出空间，不让清单显得杂乱，我们可以在制定清单之初就预留出一些

空白，不把任务和步骤框定得太死，给清单提供优化的空间。

·立足于当下，着眼于未来，保障清单的价值

清单的时限各不相同，有些清单只需要一两个月即可完成，有些清单执行起来却要花费两三年的功夫。就后者而言，与实际情况发生脱节，是极有可能的。为此，我们就需要懂得运筹帷幄，在对清单进行调整时，不仅要立足于当下，还要着眼于未来，了解未来的形式，从而调整脚步，实现更新的目标。这样的做法，可以通过少量的修改，保障清单的价值。

·经常审视清单，及时查漏补缺，纠正执行方向

清单本身没有思想，也不会自行改变，但外界的环境无时无刻不在发生变化。这就要求，我们要经常审视清单，查看其内容，结合当下的实际情况，思考未来可能出现的风险，及时查漏补缺，确保清单不因时间的改变而影响执行和最终的结果。

·适时为清单补充一些附加元素，以应对新问题

制定清单是一件费时费力的事，且无法保证把所有因素都考虑进去。随着时间的推移，会有新的问题不断涌现，迫使我们采取全新的应对方案。面对这样的情况，重新制作一份清单不太现实，最优的解决策略是适时地为清单补充一些附加元素，如任务时间的更改、临时任务的增减、任务完成方式的更新，等等。

这些都是根据实际情况必须补充的附加元素，有助于更好、更快地执行清单，确保清单的时效性，避免因为某个细节不合时宜而废掉整个清单。在补充附加元素的时候，也要遵循之前强调的微调原则，不要破坏清单的完整性。

在补充附加元素时，不能随心所欲，要选择合适的时机。在一个任务完成之前，尽量不要添加，要保持原有任务的完整性。补充的附加元素，要保证是高质量的，让清单提升一个水准，加速目标进程，实现优化的功能。那些可有可无的元素，不加为好。

在满足合适的时机和高质量的条件下，我们补充的附加元素还要对应个人的实际需求。换句话说，不管外面的世界怎么变，如果你的个人实际需求没有变，那就没必要非得为清单补充附加元素，毕竟清单是服务于个人的。总之，一切补充和完善都是为了让清单变得更好，而不是让清单成为累赘。

Chapter/05

工作清单，开启效率革命

✧ 高效能的养成，离不开工作清单

如果把人比作一条船的话，那么在人生的海洋中，约95%的船都是无舵船。他们漫无目的地漂着，对起伏变化的风浪海潮束手无策，只得任其摆布，随波逐流。结果，要么触岩，要么撞礁，要么以沉没终结。

剩余那5%的人，他们有方向、有目标，研究了最佳航线，掌握了航海技术，从此岸到彼岸，从此港到彼港，按部就班、有条不紊地进行着。那些无舵船航行一辈子的距离，他们只需两三年就能达到。如同现实中的船长一样，他们知道航船的目的，知道将要通行或停泊的下一处港口；就算是一次探险航行，也有把握去应对突发的状况。

工作也是一样，成功偏爱有准备的人，效率属于有计划的行动。

美国时间管理之父阿兰·拉金说过："一个人做事缺乏计划，就等于计划着失败。有些人每天早上预定好一天的工作，然后照此实行。他们是有效地利用时间的人。而那些平时毫无计划，靠遇事现打主意过日子的人，只有'混乱'二字。"

想要提升做事的效率，就要学会利用清单来规划自己的工作。清单可以帮助我们对工作进行合理的安排，用最短的时间完成最多的要事，为自己赢得更多可以自由支配的时间。

维克托·米尔克是世界知名企业现代食品公司纽约城推销中心的技术总监，他的工作直接或间接受到5000名雇员中3000多人的影响，因此，他总是忙得一塌糊涂。有一回，在纽约举行的工作研讨会上，他谈到了自己的一些心得体会：

“现在我不再加班工作了。我每周工作50~55个小时的日子已经一去不复返，我也不用把工作带回家做了。我在较少的时间里做完了更多的工作。按保守的说法，我每天完成与过去同样的任务还能节余1小时。我使用的最重要的方法就是，制定每天的工作规划。

“现在我根据各种事情的重要性安排工作顺序。首先完成第一号事项，然后再去进行第二号事项。过去则不是这样，我那时往往将重要事项延至有空的时候去做。我没有认识到次要的事竟占用了我的全部时间。现在我把次要事项都放在最后处理，即使这些事情完不成，我也不用担忧。我感到非常满意，同时，我能够按时下班，不会心中感到不安。”

这就是工作清单带来的益处，它让我们高效地完成重要的工作，少走很多弯路。

有一位老教授，他每天都工作到下午6点钟，晚上出去散步，回来以后就写第二天的工作安排。他说自己每天的工作量是一般人的3倍左右，却比一般人更悠闲，原因就是：多数人一天忙忙碌碌却没有计划性，回想起来一天似乎什么都没有干好；另外就是，多数人选择太多，所以太忙，今天想做这个，明天想做那个，总是觉得属于自己的东西太多。其实，把重要的事情列成清单，选择少一点，活得会更充实。

那么，该如何来给自己的工作制定清单呢？这里有几条实用的建议。

·每天清晨列出一天的任务清单

每天早上或前一天晚上，把一天要做的事情列出清单，包括公事和私事。在一天的工作过程中，要经常查阅清单，如开会前10分钟，看一眼自己的事情记录，若还有一封电子邮件要发，完全可以利用这段空隙完成。当你做完记录上面的所有事情时，最好再检查一遍，通过检查确认都已经做好，你会体会到一种成就感。

·把即将要做的工作也列入清单

完成计划的工作后，把接下来要做的事情也记录在每日的清单上，如果清单上的内容已经满了，或是某项工作可以改天再做，也可以将其算作明天或后天的任务。有些人总是打算做一些事，最后却没有完成，往往是因为没有把这些事情记下来。

·一天结束后，重新安排当天未完成的工作

有了每日的工作计划，也加入了当天要完成的新任务，那么对于一天中没有完成的那些任务要怎么处理呢？如果事情真的很重要，那么没问题，顺延到第二天；若是没那么重要，可以与相关人员讲清楚未完成的原因。当然了，最好是今日事今日毕，偶尔顺延一次无妨，但切忌养成拖拉的习惯。

总而言之，工作清单对于一个追求高效的职场人来说是必不可少的，它能让我们做事更加便利。当我们学会安排工作事项，让工作的时间得到最大限度的利用，就会逐渐发现，自己解决问题的能力和效率都在提升。

✧ 整理办公桌，让大脑启动工作模式

为什么在重要的日子来临之际，总要举办一些有仪式感的庆典活动？我想，原因无外乎是用盛大的仪式宣告某一全新阶段的开始，用这一天、这一刻划出边界、强化记忆，让人产生一种“跟过去告别，走向更好的明天”的感觉。

仪式感，可以为人生打鸡血，也可以为工作打鸡血。

在列工作清单的时候，我强烈建议，把制定整理清单作为第一要务。这真的是一件很重要的事，如果没有整理清单，很有可能，我们会在办公室里上演这样的情景：

早上8点钟，坐在工位前，电脑已经打开，你的两眼无神，头脑空白，刷刷网页上的新闻，查查邮件……等真正进入工作状态，已经9点半了。

这样的场景和感觉是不是很熟悉？每天总有一些时段，我们的大脑是处于“徘徊”状态中的，而造成徘徊的主要原因就是——界限不明，大脑在这个时候很难判断，到底是该开启工作模式，还是切换到休闲/娱乐模式。

徘徊状态是对时间和精力的一种耗费，既无法让大脑高效工作，也无法让大脑彻底休息。要结束这种状态，最好的办法就是，把工作的边界划分清晰，让工作与生活和平共处，互不侵犯。此时，一个好的开工仪式——整理办公桌，可以帮助你的大脑认识到：即将进入工作状态了，要打起精神！这，就是仪式感对工作的意义。

那么，这项整理办公桌的工作，具体要怎样进行呢？

·制定清理计划，设置闹铃提示

把需要定期清理的物品逐条记录下来，每周抽出20分钟的时间来处理这些杂物，保证办公环境的整洁有序。为了不让自己忘记，还要在日程安排上设置提醒，如：设定一个手机闹铃，到时间自动提醒：清理办公室杂物。

·扔掉工作垃圾，丢弃过期文件

工作中经常会产生一些垃圾，如废弃的纸张、没水的笔，这些东西要及时清理。有些过期的文件也要扔进碎纸机，或让后勤人员处理。至于个人物品，如摆件、玩偶之类，尽量少放在办公桌上，一来节省空间，二来避免精力分散。

·根据文件性质，设置不同区域

有人喜欢把文件都放在同一区域，认为这样好找，也利于管理，实际上这种方法并不实用，非但不能减少混乱，还会随着文件的增多，加大查找的难度。

相比这种方法，在办公室里设置不同的功能区域更加高效。比如：工作区放置电脑，资料区放置图书，存储区放置办公用品，档案区放置文件，这样的话，需要哪部分物品，直接去相应的功能区按照编号查找就可以了。

·清理其他区域，保证办公环境整洁

除了办公桌要保持整洁以外，办公室的其他区域，如地面、书架等，也要适时地清理，不要让任何一个角落有杂乱的心理暗示。比如，有些公司在办公室或隔间的墙壁上安装一排挂钩，专门用来悬挂衣服、包具和雨具，避免员工习惯性地将这些东西放在椅子上和地板上。

环境一直都在悄无声息地影响人，井然有序的办公环境会给人带来舒适的视觉感受，更重要的是可以提升做事效率，让我们有更充足的能量、注意力和判断力。所以，在新的工作日开始之际，先把办公桌整理干净，用这种方式昭告：我要开始认真工作了！

✧ 对清单上的多项任务进行合理排序

Lucy负责某公司办公室的内勤工作，她已经入职近一年了，可依然觉得“不顺手”，时常出岔子。上周四，她的工作计划上罗列着一天要做的任务清单：

· 做出下个季度的部门工作计划，第二天上交给老板。

· 约见一位重要的客户。

· 上午11点半到机场接机，是5年未见的大学同学，将其送到酒店。

· 去一趟医院，开治疗过敏症的药物。

· 到银行办理一些业务。

· 下班后与爱人一起吃饭，庆祝纪念日。

要做的事情就这些，但似乎从一开始就不太顺利。

Lucy前一天睡得有些晚，早晨起床迟了半小时，匆匆忙忙地打车到单位，却还是迟到5分钟。一进办公室的门，就接到老板的电话，提醒她第二天必须交计划书。

Lucy打开电脑，上网查看自己的信箱，逐一回复客户和公司的邮件，不停地打电话答复分公司的问询。最后一个电话结束时，已经11点了。

她向上司请了一会儿假，匆匆赶到机场，还好只晚了10分钟，想打电话告诉同学，拿出手机才发现对方早上登机前已发过短信，说飞机晚点了。

中午12点钟见到同学，Lucy送对方到酒店，一起吃了午饭。这顿饭吃得并不踏实，Lucy心里想着14:50要见客户，所以一边吃饭一边跟客户约定地点。

14:00的时候，她跟同学告别，赶到约定地点。由于花粉过敏，她在跟客户约见的时候不停地打喷嚏。她连声向客户道歉，弄得很尴尬。

回到公司，刚坐到工位上，想写一下计划书，银行打电话来催。赶到银行时，突然被告知需要加一份文件，气急败坏的她跟银行工作人员理论了半天，又回到公司。

办完银行的业务后，离下班只有1个小时了。她觉得很累，没有心思再写那份计划书，就先给同学打了一个电话，聊聊天释放情绪。

整理完文件，她跟爱人去约会，一起吃晚饭庆祝纪念日，可是整个人的状态很不好，连连打哈欠。回到家后，爱人休息了，她泡了一杯咖啡，坐在电脑前，赶写那份重要的计划书。

Lucy的工作经常会陷入这样的状态中，忙忙碌碌，火急火燎，却总是干不完活。她经常会跟家人朋友抱怨，说工作太辛苦，做内勤要处理很多杂事。其实，作为旁观者，我们更容易看出来，不是Lucy的工作任务太麻烦，而是她不懂得对任务进行科学排序。

田忌赛马的故事相信大家都听过，我们在此简单回顾一下。

齐王和田忌分别要在上、中、下三等马中各选一匹来比试，一共比试三个回合，并约定每个回合获胜可获奖金一千两黄金。当时，齐王的每一等次的马都比田忌同样等次的马略胜一筹，如果按照正常的逻辑去比赛，田忌肯定要输三次，并为此要输三千两黄金。

可是结果田忌没有输，反而赢了一千两黄金。

这是因为，他听了孙膑的建议，用上等马鞍将下等马装饰起来，冒充上等马，与齐王的上等马比赛。显然，第一局他输给了齐王。到了第二场比赛，按照孙膑的安排，田忌用自己的上等马与齐王的中等马比赛，顺利赢了第二场。关键的第三场，田忌的中等马和齐王的下等马比赛，田忌的马又一次冲到齐王的马前面，结果二比一，田忌赢了齐王。

田忌胜出的关键不在于马匹，而在于排序方法。如果把这种方法用在我们日常的工作中，也可以最大限度地避免混乱的忙碌。

以Lucy为例，在面对任务清单的时候，她完全可以换一种思路。

Step1：前一天晚上睡前，把第二天要做的任务看一遍，做到心中有数，定好闹铃。

Step2：准时起床上班，先给各分公司打电话，请他们把相关的材料通过电子邮件发过来，且告知上午有事不能接受问询，下午会给予答复，之后给客户打电话约定时间、地点，并将地点安排在同学预定酒楼的咖啡店里，再给机场打电话，确定班机到达时间。

Step3：给银行打电话，确认需要的相关手续和材料。

Step4：打完电话后，抓紧写工作计划，排除一切干扰，争取11点前交给老板。

Step5：中午11点前离开公司，拿上银行需要的所有资料。利用飞机晚点的半小时，到医院开花粉过敏症的药。从医院出来，到机场接机，和同学好好享受午餐时光，再到旁边的咖啡店和客户谈事情。

Step6：到银行办完手续后，回公司将上午各分公司的事务处理完毕。17:50，到洗手间补一下妆，准备下班约会吃晚餐。

同样的工作任务，换一个顺序来做，就从焦头烂额变成了从容淡定，还能给自己留出不少的休闲时间。所以说，依据事务的规律、性质和彼此之间的联系，对清单任务进行科学排序非常重要，切记胡子眉毛一把抓。

✧ 同一时间，只处理一件最重要的事

清单思维在工作中极其重要，哪怕是智商很高的人，如果不具备清单思维，也可能会像热锅上的蚂蚁，被堆积如山的小事搅乱心情。正因为此，我们才需要一张工作清单，把每天、每周要做的事情列出来，遵循先重后轻、先紧后松、先急后缓的原则，科学地进行排序。

那么，是不是有了这样一份清单，就万无一失了呢？

很遗憾，情况似乎并没有这么乐观。想想看，你是不是经常碰到这样的状况：

· 一边按照清单计划回复邮件，一边听下属汇报工作；

· 会议上正在探讨下个季度的营销方案，而你却想着没有完成的PPT；

· 明知道不能开车时打电话，却总是无可奈何地这样做；

……

是的，我们必须承认一件事：现实中有许多意外状况，它们都可能让我们在工作中陷入被动。那么，面对这些零零碎碎的问题，该怎样抉择呢？

其实，处理的办法很简单：保证在同一时间内集中全部的精力，处理最重要的一件事。

同时做多件事，注意力的整体消耗非常严重，效果却不理想。所以，最好的策略是，集中全部精力于其中的一件任务，不去管其他的事，先把眼前的任务处理好。事实也证明，习惯分散精力同时处理多项事务的人，最后平均花在每件工作上的时间，要比集中精力去处理这件工作的时间，多出20%以上！

那么，如何做到一段时间只专注于一项任务呢？全球时间管理术第一人里奥·巴伯塔，曾经提出过一些有效的建议，我们可以作为借鉴和参考。

·要务第一原则

每天早上的第一件事，就是列出自己心中的头等要务。这一点我们在介绍任务排序时也讲过，把重要的事情放在前面，对任务进行优先级划分。在做完这件事之前，不要做别的事。完成后，短暂休息一下，再开始做下一件“头等要务”。如果一个上午能够完成两到三项重要的任务，剩下的时间就算是额外收获了。

·摒弃一切干扰

做一项任务的时候，尽量排除外界的干扰。如果有可能的话，可以关闭邮箱，断开网络，把手机调成静音，专注于手头的任务，完成之前不要去做其他的事。

· 学会短暂地停息

如果你特别想查看邮件，或者做其他事，可以让自己暂停片刻。深呼吸几次，调整好心态，重新回到手头的工作上来。

· 临时任务暂缓处理

如果中途有其他的事项插进来，可以把它放进收件箱，或者记在笔记本上，然后回到手头的工作上来，不要被它牵着走。

· 必须中断时做好标记

有时，中间插进来的任务是非常紧急的，不能等做完手头的工作再处理。遇到这样的情况，要把手头的工作标记好，知道进行到哪个阶段，把所有相关的文件和记录放在一起，装进文件袋，暂搁在一旁；或者建立名为“处理中”的文件夹。当你重拾这项任务时，可以拿出文件袋，或打开文件夹，看看自己的记录，从中断的地方做起。

· 完成一件事后做整理

完成手头的任务后，要做一下整理工作，如清理电子邮件等。同时，还要把新任务（临时的任务）加进日待办清单，然后重新进行日程安排。

在即时通信时代，海量的信息会不时地袭来，如果不知道如何处理多项任务，跟着状况走，很快就会不堪重负。保持高效，让清单发挥最大的用途，同一时间保证只处理一项重要的任务，既是一种能力，也是一种方法。唯有这样，我们才能在混乱的环境中，摆脱惶恐和焦躁，按照自己的节奏，有条不紊地把多项任务处理好。

✧ 列出错误清单，避免重复犯错误

每个人都会在工作中犯错，这几乎是不可避免的，毕竟在极端复杂的世界里，人的认知是有限的，可能会因为不了解流程或缺乏足够的专业知识，而犯下一些错误。犯错不可怕，可怕的是当错误发生后，听之任之，不吸取教训。

古语有云："事不过三。"偶然犯一次错，是情有可原的，可若同一个错误反复犯，就不值得原谅了。这时要进行深刻的反思：为什么会重复犯同一个错误？有什么办法可以避免这样的情况再次出现？

事实上，这个问题是有答案的。如果我们在犯错之后，把形成错误的全部因素列成一个"错误清单"，就可以吸取教训，用它来警醒自己——今后，不要再犯类似的错误！

关于"错误清单"，没有标准的模板，每个人的情况都不一样，思维方式也不同，所以，总结出的错误因素肯定有不小的差异。在此，我以自己列的一份"错误清单"作为示例，供大家参考。在实际操作时，大家可以结合自身的情况，制定专属于自己的"错误清单"。

·错误因素1：做事仅凭感觉，对事物缺少全面的认识

有一次承接企业客户的定制选题，主题是美业经营。说实话，我对这个行业一知半解，但也大致能够理解客户想要的内容，于是，我凭借自己的经验和感觉拟定了一个框架。结果，客户告诉我：这是上一个美业时代的东西了，就现在的市场而言，已经不太适用。之所以要做这样的内容，目的就是为了提醒很多业内人士，经营要与时俱进。

后来，我系统地学习了美业的发展史、现状，以及现代商业的经营理念等，从更宽阔的视角去审视这个选题，果然理解得更透彻了。随后，我重新拟定了一个框架，结合当下的商业环境，从美业的发展形势、战略规划、组织架构、营销方式等几个方面，做了一个详尽的阐述，赢得了客户的认可。

透过这件事，我意识到：想要做好一件事，必须先对这件事有一个全面的认识，而不是在一知半解、似懂非懂的状态下凭感觉行事，那样多半都会出问题。

·错误因素2：习惯单枪匹马，忽略他人的智慧与力量

前些年有过两次，我同时承接了几个任务，为了按时完工，废寝忘食地忙活。最后，任务是做完了，我却大病一场。第二次生病时，我在打吊针的过程中开始反思：我怎么会把自己折腾成这样？仔细琢磨，是因为我做事习惯单枪匹马，不懂得求助，忽略了他人的智慧与力量。

举例来说，有些历史类的选题我并不是特别擅长，而我身边的一些同行朋友做得很好。碰到自己不擅长的事项，完全可以选择“委外”，这样既节省了自己的时间和精力，也可以快速地完成选题的定制。

现在，再遇到类似的情况，我会把这些任务进行区分：哪些是我擅长的，可以快速处理好的？哪些是我不太擅长的，有没有谁能够协助我完成这个任务？如果有合适的人选，与对方进行协商，把任务外派出去。很多时候，我们个人的智慧和精力实在有限，这个时候，借力也是实现目标的一种选择。

·错误因素3：做事过于急躁，慌忙中出了岔子

有句话说：“事情不能急，一急就犯错。”

有一次，我着急去上课，结果路上稍微有点堵车。车行驶到一个地铁站的时候，我着急忙慌地下了车，希望通过乘坐地铁来节省一些时间。结果，地铁站里人也不少，眼见着一辆列车就快挤不上去了，我还是一边收拾着耳机线，一边往地铁上跑。

终于，我挤上车了。但我忽然觉得有点儿不对劲：我的手机呢？列车往前开着，到下一站，我下车了，联系地铁的工作人员……其实，我自己很清楚，找回来的概率太小了。可我是刷手机进地铁站的，且身无分文，也没办法联系家里人和一起上课的伙伴。

折腾了整整一上午，我才处理完这场“丢手机风波”。如果那天，我提前看看路况，直接选择坐地铁，就不用中途换车了；或者，我耐心多等一分钟，不去着急忙慌地挤那趟地铁，检查好自己携带的物品，也不至于浪费了半天的时间，还赔进去一部新买的手机。

·错误因素4：工作周期设置不合理，导致无法保质保量

这是一个追求效率的时代：老板希望第二天早上醒来所有的产品都卖光，客户希望上午交代的任务下午就能出结果……心情可以理解，但过分追求快，就可能会制定出不合理的工作周期，结果导致没有办法保质保量地完成任务，要么敷衍了事，要么犯了错误。

我也经历过这样的状况，答应对方一周赶制出方案，可项目的实际难度比想象中要大得多。最后，我不得不跟对方协商，请求再延长周期。这件事也提醒了我，在为新项目做规划时，一定要考虑周到，对每个阶段都进行详细的划分，仔细验证，评估计划是否可靠，留出应对变化的余地。

·错误因素5：忽略市场和需求的变化，做了无用功

不知道你有没有犯过这样的错误：精心地做了一番准备工作，希望自己辛苦做出来的设计或方案赢得合伙方的认可，结果，对方却告诉你，现在的市场环境变了，这样的方案过时了，或者是无法执行了。

对于这样的情况，就属于做无用功了。做事思维过于感性，只从自身的喜好出发，却没有考虑市场和需求的变化，导致一切付出都白费。所以，在做一件事情之前，要充分去做市场调查，咨询专业人士，减少凭借感性思维和自身喜好做决策的错误。

上述几点错误因素，是我结合自己的实际情况所做的总结。我想，每个人都需要这样一份错误清单，用它来警示自己：不要再理想化地对待工作和未来的计划，要现实地思考自己需要学习的知识与技能，从更高、更广、更全的视角去看待工作，避免重复犯错，杜绝无用功，让行动更有效率，让自己更有成就感。

✧ 团队管理者比员工更需要清单思维

珺姐是我的一位合作伙伴，去年开始踏上创业的征程。她原来在企业里担任印制的工作，忽然要管理一家文化公司，可把她忙坏了。这半年，几乎每次通电话，都要听她诉苦。

我了解珺姐的性格，做事雷厉风行，总想着尽最大努力处理更多的事，让公司有更好的盈利。可再怎么努力，时间是有限的，她也不是铁人。我问她，是不是没有授权？她说，自己在授权方面做得还可以，只是参与了一些部门的管理而已，可还是觉得精力不够用。

从规模上来说，珺姐的公司并不算太大，我见过同时经营两三家企业的管理者，并没有像珺姐这样，把自己弄得心力交瘁。后来，我跟珺姐深入地探讨了一次，最后达成的共识就是：缺乏管理经验，没有把精力用在关键决策上，而是在细节管理上消耗过多。

其实，不只是普通员工在工作方面需要清单思维，管理者更需要。清单管理具有全面提醒、细节提醒等简单实用的功能，早在20世纪60年代，就被推广到项目管理、人力资源管理等领域，且渗透到企业管理的各个层面。

一位企业总裁谈到清单管理时这样说道："管理者把清单思维践行到实际工作中，就等于为自己免费请到了一位尽职尽责24小时不休息的秘书，它可以确保那些看似简单却非常重要的步骤，以及所有的工作事项不会被遗漏。无论你的秘书忘记了什么，清单都能够及时提醒你，告诉你接下来要做什么事。清单是我们管理企业的最佳方法，能解决瞬息万变的问题，因为它几乎洞察和统计一切。"

上述所谈，就是清单的全面提醒功能，它可以协助管理者记录工作、分析团队计划、管理授权。正因为此，高明的管理者会制定不同的清单，如授权清单、计划清单、任务分配清单等，每一份清单都有其独特性，犹如一个优质的"秘书"。

身为管理者，每天要处理的工作确实很多，要保证自己有充沛的精力，就需要掌控流程，抓大放小。换句话说，不能事无巨细通通过问，让自己在具体的工作中成为最后的决策者。这样做的结果就是：员工没有规矩可依，处处依赖管理者。你在场的时候，员工效率很高；你一离开，员工就不知所措，效率直线下降。

记得之前看过这样一个企业案例：某公司老板每天在单位累死累活，大小问题都得管，就连车间的一个普通排水管坏了，他也要跑过去忙活半天。后来，因为企业的效率问题，他们向管理咨询公司求助。

在跟这位老板进行了详尽的沟通后，顾问也知道了老板盯修水管的事。就这件事，顾问问他："这个管道坏掉，影响产品质量吗？"

老板说："不影响。"顾问又说："那它污染环境吗？伤害员工身体吗？"老板回答："不污染，对人身体也没什么伤害。"

听到这里，顾问反问道："既然如此，您干嘛要花两个小时在这上面？"

老板有点不好意思，说："哎，我就是不放心，习惯性地过问。"

凡事亲自过问，甚至亲力亲为，付出得比谁都多，可越是这样，越见不到成效。个人能处理的工作量是有限的，谁也无法包揽企业中所有的事务。最后，顾问给这位老板的建议是："想让企业摆脱半死不活的局面，就别再去车间管理这些琐事了，尽量把这些工作制定成清单，就算你不在现场，车间的工作也能照常进行，员工不会干等着你来安排。另外，还要让每一个员工都清楚自己的工作流程，指导他们把复杂的事情变简单。你的介入，很可能会在无意间把那些原本可以简单快速处理的问题复杂化，并产生新的问题。"

放手这些琐事之后，管理者要重点做什么呢？当然是承担起最艰巨的任务，掌握企业的战略发展和整体规划，至于交代下去的工作，抓住重点事项和主要环节就好了。为了实现有效的授权和监督，管理者需要做好以下几项工作。

· 向下属说明、解释和分配工作，告诉他们目前要处理的事项，然后量才而用。

· 对分配出去的工作只提供宏观指导，不亲力亲为地处理细节。如果工作较为复杂，需要其他部门协作，可以从中协调，但不必亲自沟通。

·了解下属和部门的不同利益需求，在清单上体现各自的利益，协调好各自的角色。分工有序的管理清单要避免不必要的部门摩擦，让任务分配符合团队大多数人的利益，减少内耗，提高团队的效能。

管理者建立清单思维，学会抓大放小，一来节省时间，二来降低管理成本。在细枝末节的问题上浪费的时间和精力越多，管理的成本就越高，因为员工的付出相对减少了，企业的成本却没有下降，损失的是投入产出比。

✧ 管理清单的拟定方法与四象限法则

团队的领导者大都清楚管理的重要性，可说起管理的本质，却并非人人都清晰明了。换句话说，管理的核心是什么，到底是管人，还是管事呢？这里要明确一点：管理最重要的功能不是管人，而是规划事。通过对事情的预先规划，指引人去实现企业的战略目标。

理论层面的东西很好理解，可到了实践中，往往是另一番模样：你在忙着重要的工作，办公室的敲门声一上午恨不得有20次……外界的频频干扰怎么解决呢？这个时候，身为管理者的你，要做的就是对五花八门的事务进行规划，形成一个清单，让所有员工有据可依。

那么，如何来制定管理清单呢？具体可遵循以下4个步骤。

·Step1：确定战略方向与目标

管理者最重要的一项任务就是制定战略规划，不能只看眼前，还要放眼未来。所以，对于未来一段时间的工作，你需要建立一个备忘录，确定战略方向和任务目标。

·Step2：制定计划与资源清单

有了战略方向和任务目标以后，要如何实现呢？这就需要制订周密的计划，同时为这个项目、任务和管理准备相应的资源，如人力资源、物力资源和资金等。

·Step3：对不同任务进行排序

根据你对工作的理解，对不同的任务根据优先顺序和重要程度进行排序，但请注意，不要独断专行，要充分吸收团队的意见。毕竟，组织的成功需要团队协作。

·Step4：授权并引导团队合作

有了目标和计划，准备好相应的资源，接下来就要做授权管理了。把工作按照既定的顺序授权出去，引导团队分工协作，朝着目标共同努力。

在这个过程中，牵涉到任务排序和授权选择的问题，怎样做才能够保证管理者抓住清单式管理的侧重点呢？这里需要借助管理学家科维的一个理论：四象限法则。

大家可能在时间管理的书籍中接触过这一理论，即把工作按照重要和紧急两个不同的程度进行划分，基本上可以分为4个象限：重要又紧急、重要但不紧急、紧急但不重要、不紧急也不重要。实际上，管理者的工作任务也可以依据这4个象限来划分，并根据任务的优先级别和重要性来进行区别处理。

·第一象限：重要又紧急的任务 | 即刻安排，或亲自处理

这是重要和紧急程度都处于最高级的任务，如企业的财务危机、客户的投诉、被拖延的重要任务，等等。这类任务需要管理者马上安排，或者亲自处理。

·第二象限：重要但不紧急的任务 | 制订详细的工作计划，保证按时实现

这是非常重要的任务，但不急于马上完成，如新市场、新产品的开发、员工培训、企业未来5年的战略规划等。这些工作不是一日之功，却需要管理者动脑思考，花费心思制订周密的计划，并保证它可以按时实现。

·第三象限：紧急但不重要 | 授权给下属解决，进行必要的监督

这是很紧急的任务，需要立刻去做，但不是很重要，如部门例会、接待合作客户的来访、收发邮件等。像这样的任务，最好交给下属去解决，没必要浪费时间和精力亲自处理，只要适时地做好监督工作即可。

·第四象限：不紧急也不重要 | 有空闲再处理，没空就说“不”

这是紧急程度和重要性都比较低的任务，如一些程序性的工作、员工的日常沟通、个人邮件等。有空闲时间的话，就可以处理一下，没有时间就对它说“不”，减少精力消耗。

根据科维的四象限法则对管理任务进行划分，这样就可以得到一个清晰的管理清单，知道该把主要精力和时间放在哪儿，并提前做好计划；知道不用为哪些事分心，做到有的放矢。这样，管理工作就能够变得简洁而高效。

✧ 贯彻清单制度，让会议不再繁冗枯燥

说到公司里最让人厌烦的事情，开会绝对在列表之中。多数人不喜欢它的原因，主要是会议太多、会程太长，开了半天也没看出有什么实际意义，不仅浪费了个人的时间和精力，也消耗了企业的宝贵资源。

其实，这种情况是可以避免的，会议也可以变得不那么“讨厌”和“无用”，甚至可以让每一位与会者都能够从中得到积极的收益，而实现这一愿景的途径就是，对会议进行有效管理，在会议中贯彻清单制度。

·会前清单——确定会议的三大基本要素

要让会议简短、高效，充分的会前准备是必需的。在每一场会议召开前，都要在清单上列出三大基本要素，即“3W”：Why（原因）、Who（人物）、When（时间）。回答清楚并按照这三个要素执行，会议效率会显著提高。

→第一个问题：Why（为什么要开这个会议）？

我们为什么要开这个会？放下手中的工作来开会，要实现什么目的？如果不清楚这个问题，那么很有可能，一场会议结束后，任何结

论都没形成，不过就是一群人坐在一起随意聊了聊，走个形式而已。要解决这一问题，就需要制定会议的议程，拿出要讨论的主题。有了主题，参会的人就可以事先思考：为什么要来开这个会？

所以，在召集会议的前几天，就要提前把会议主题发送给与会人员，让所有人明明白白地来参会，而不是稀里糊涂地走进会场，满腹怨气地离开。如果是临时会议，也要在讨论前做简短的说明，树立一个明确的方向，再开始讨论。

→第二个问题：Who（谁是必须参加会议的人）？

在开会之前，可以拟定一个人员名单，尽可能地全一点，然后逐一地筛选：这个人有必要参加吗？他参加的作用是什么？确定一个，就在名字后面打个“√”。这样的话，可以把议题相关的人都找到，并在规定的时间内一次解决问题。

至于那些不需要参加会议的人员，在会议结束后，把会议纪要和决议内容通过电子邮件等方式发送给他们就可以了，没必要让他们枯坐30分钟，白白地耽误时间。

→第三个问题：When（什么时间召开会议，召开多久）？

找一个大家都可以参会的时间并非易事，但也不是不可能。这需要组织会议的人从企业的实际情况出发，找到大家普遍有空的时间，来确定会议的日程安排。

除了确定会议几点开始以外，会议的时长也很重要。有些管理者一开会就是两三个小时，让人昏昏欲睡。他们可能陷入了一个错误的逻辑中，认为会议时间越长越有效。事实上，举行会议的目的是确定方向、建立分工，而不是讨论细节问题，控制在30分钟以内的会议往往是最有效率的。

·会中清单——确保会议正常进行，获得既定成效

做好会前的准备工作后，接下来就要借助清单来确保会议正常进行，获得既定成效了。具体来说，这份清单应该包括以下几方面事宜。

→指定一位会议管理者

会议管理者不一定是会议的召集人，通常召集大家开会的往往是公司的管理者，或者是项目主持人，他们同时也是会议中活跃讨论的一分子，需要解决的问题很多，通常跟会议的主题关系密切。这也决定了，会议召集者比其他参会人员更容易产生情绪波动。为此，最好安排另外一个人来管理会议，将大家的议题保持在一个正确的方向上。

→公正地发送相同的信息

为了公正地听取每个人的意见，就要公正地发送一致的信息，确保参会者得到的与主题相关的资讯是相同的，没有任何差别。当会议开始后，可以使用要点清单的形式，把主题和相应信息打印出来，人手一份。

在这张清单上，要写明会议主题、已知信息、决策难度、需要各部门做什么、商议和表决哪些问题。只有对每个人都一视同仁，参会者才能开展充分有效的讨论，确保当场获得比较满意的结果，而不是在会后引发矛盾纠纷。

→会场电子设备使用规定

很多人参会时喜欢带笔记本电脑和手机，但在会议进行中，会不时地看微信、回消息，甚至用电脑浏览无关的网站，形式上是在开会，实则早已经走神。所以，对于电子设备在会场上的使用也要进行严格规定。

有些公司在开会时，实行“桌面清空原则”：会议期间，每个人的面前只有一支笔和一个记录本，不可以带任何电子设备进入会议室。如果说，10~30分钟的重要会议都无法阻止与会者使用电子产品，那么这样的人如何担当重任?

→会议记录清单

任何一场会议都需要有相应的记录，否则就变成了说过就忘的演讲，大家讨论了半天，最后没有任何东西落实到纸上，会丢失很多重要的信息。所以，会议的过程、形成决议的思路，必须记录在案，这可以为今后的工作储备经验、节省时间。

最好每一场会议都指定一位专职做记录的人员，只有他可以使用电子设备，尽量详尽地记录下会议的内容，以备管理者把会议纪要发给其他人知晓。

·会后清单——会议结束后要解答的3个问题

顺利开完会，是不是就意味着这场会议彻底结束了?

普林斯顿商学院的讲师罗伯特曾经发表过一篇分析微软流程管理

的文章。他认为，在会议结束后，还需要思考3个问题：下一步工作是什么？谁来负责这些工作？工作的时间表该如何制定？只有解答并完善了这3个问题，传达给所有员工，此次会议才算真正结束。

Chapter/06

家庭清单，收获满满的幸福感

✧ 没有清单的家庭，80%是不幸福的

2020年春节前夕，我陪大学室友去见了离婚律师。

她和先生是高中同学，十几岁相知相识，走过大学时光，最后组建了家庭。在我的印象中，她先生是一个温文儒雅的人，性格温和，待人接物也很周到。历经10年的职场打拼，他已成为某国企单位的中层主管。

我的室友，目前从事的是财务工作，从毕业入职到现在的单位，就安安稳稳地做着这份工作。她有一点公主脾气，尽管已经三十有余，可依旧是一副孩子气的模样，动不动就耍个小性子。室友心地善良，没有任何心机，活得简单、纯粹。

回想起他们恋爱时的情景，我怎么也不会想到，青梅竹马、惺惺相惜的两个人，会闹到离婚这一步。然而，再看两个人当下在性格、职场、社会地位上的差异，我又觉得这样的结果在意料之中。

时光倒退10年，两个人对外面的世界都是懵懵懂懂的，不知道社会生活是什么样，似乎两个人就是全世界。慢慢地，随着年龄的增长，有了一定的收入，他们开始筹划着去不同的地方旅行，一起去扩

充眼界。接下来，两人又攒钱买了车子、房子，生活一点点地尘埃落定。

终于，物质生活都好了，先生开始把重心放在事业上，谋求更高的发展。这个时候，无论从心智上还是能力上，他都已经成长了很多。然而，我的这位大学室友，多年来有遮风避雨的依靠（过去是父母，后来是爱人），就心满意足地维持“孩子气”的状态，对职业没有规划，每天想的也不过是先生能早点下班，在家里陪伴她。

渐渐地，两人彼此之间的距离拉开了。最初，是地理上的距离，先生经常要出差和应酬，不能总是陪伴她。室友心生不满，常因此跟先生吵架。再后来，吵得多了，先生觉得她太不理解自己，也无心再去安抚她那公主脾气。就这样，两个人在心理上也拉开了距离。

沟通的断裂，意味着生活的不同步。这样的状态持续了三四年。

去年年底，室友发现，先生竟然出轨了，两个人之间的关系彻底决裂。

经营家庭是一个老生常谈的话题，然而谈了这么多年，多数人在提到婚姻家庭的时候，依然是眉头紧锁、不知所措。因为，道理听了一大堆，回归现实，收尾的还是一地鸡毛。

为什么相爱容易，相处却如此艰难?

是的，想和一个人白头到老，并不是相爱就够了，还需要用心经营。家庭和工作一样，有自己的经营原则，有自己独立的数据库，我们要学会在家庭中有序合作、贯彻清单制度。其中，最重要的两个清单就是：记录家庭的共同成就，以及未来的待办事项。毫不夸张地说，如果没有这两个清单，80%的家庭都是不幸福的。

大家想想，当两人在一起生活久了，变得没有共同语言了，到底是哪儿出了问题？显然，是彼此的思维没有融合在一起，缺乏共享机制，建立家庭共同成就清单的目的，就是为了保障两个人对家庭的思考在意识（或潜意识）以及情感层面都是同步的。

组建一个家庭，只是完成了阶段性任务，更为关键的任务是，如何提高家庭生活的质量。这需要双方一起努力、共同成长，不能一个人拼命地往前跑，另一个人在原地徘徊；要携手共进，体会到“家是我们共同的归宿，好的生活是我们一起创造的”，彼此的关系才会变得更紧密。所以，两个人在共享过去的成就的同时，还要制定家庭发展清单。

当生活进入一个全新阶段，或者发生一些变动时，家庭的生活模式可能也要随之发生变化，也需要重新规划家庭的目标，比如：接下来的一年，我们的小家要完成哪些事项？是一次境外出游，还是重新装修房子？是要换一辆车，还是要攒下多少钱？有了目标，能让家庭成员觉得生活更有奔头，也更能在达到目标后，享受到一起努力、成长和进步的喜悦。

回想我那位大学室友，她和先生在早先的几年里，一起攒钱买房、买车、旅行，能够感受到他们之间那种共同成长的节奏。可是近几年里，先生明显在事业上更上一层楼，他的应酬也变多了，室友却还停留在原来的生活模式里，没有通过沟通而换一种相处模式，同时也没有共同分享的情景。在先生进步的同时，室友忽略了他在事业方面的成长，反过来埋怨他陪伴自己的时间变少……两个人就陷入了这种“对抗”中，更是忘记了对家庭未来发展的规划，以至于两颗心相隔得越来越远。

无论是刚开始恋爱，还是已经步入婚姻家庭，两个人的同步都是非常重要的。一个人跑到很靠前的位置，另一个人被甩下很远，这是一种危险的信号，也是家庭不稳定的因素。所以，像经营工作一样经营家庭是很有必要的。不管过去你怎样对待家庭和情感，从现在起，希望你可以把清单思维融入其中，通过设计家庭清单，保持两个人的同步，以及对共同生活的信心。

✧ 夫妻共同承担家务，有助于维系婚姻

有过婚姻经历的人大都能够体会到一点：打败昔日浓情蜜意的，通常不是那些天大的事，而是生活中鸡毛蒜皮的小事。至少，我听过好几位女友在耳畔念叨："我宁愿他少赚一半的钱，多帮我分担点家务""我真希望周末的时候，他也能跟我一起收拾房间，给家里人做顿饭""家庭主妇就活该从早到晚地做家务吗？我们也是人，也会烦呐！"

家务问题看似是不起眼的小问题，实则是关乎婚姻与家庭幸福的大事件。

女友帆是二婚，但是幸福的二婚。帆的前夫是个十足的"妈宝男"，家庭条件不错，婚后两人没有贷款，彼此的工作也都不错，没什么生活负担。可谁也没想到，在物质方面富足殷实的他们，却因家务问题闹得日日鸡犬不宁，最后分道扬镳。

帆的前夫从小到大没有做过家务，诸事都是母亲一手操办。结婚后，他也没意识到自己组建了新家庭，身份角色变了，过去的生活习惯也得适当改变。起初，帆只是觉得，给他一点时间，慢慢会好的。

可令帆失望的是，他完全没有这个意识，动不动就甩一句：“明天叫个保洁过来，收拾一下不就行了嘛！”

其实，打扫屋子这件事，的确可以花钱找保洁解决。可家不是酒店，不经过亲自打理的家，终究少了家的味道。帆洗完的衣服，让前夫去晾晒，催了三遍，最后还要自己拿到阳台。出差一周，回来后发现，洗碗池里还堆着走之前囤积的碗筷，已经散发着臭气，前夫却视而不见；客厅和卧室乱七八糟，脏衣服扔得到处都是，垃圾桶里堆满了垃圾，也不知道扔到楼下的垃圾桶……这样的日子让帆感到无望，很多东西不是用物质和金钱能够衡量的，起码在这段婚姻里，她没有感受到“家”的温度。

几年后，帆再婚了。从物质条件来说，第二段婚姻并不如之前，可日子的温馨程度，却是过去无法比拟的。他们的生活很简单，但井井有条，前一天睡觉前，就会把第二天的早餐、晚餐商议好。吃过早饭后，两人一起上班；谁下班早，谁就准备饭菜；吃过饭后，一人收拾厨房，一人打扫房间、洗衣服。一个小时左右，家务就都处理好。之后，他们可能会一起出门散步，也可能在家看看电视，或者各自看书学习。

到了周五，他们会提前安排好，这个周末都要做什么，有哪些重要的家务需要处理，然后，两人进行一下分工，携手搞定。这样的日子，偶尔会很辛苦，比如：清洗厨房的重污、旅行回来收拾物品……可看到一起动手打理干净的小家，内心是无比满足的。在做家务的过程中，彼此都能看到各自的付出，相互肯定和关心，情感上的连接也更紧密。

英国《每日邮报》曾经报道，加拿大西安大略大学的研究人员对全国近5万名成人的生活状态进行问卷调查，结果显示：共同分担家务的夫妻，比仅由妻子或丈夫做家务的夫妻更快乐。据研究人员们估计，夫妻间快乐生活的最理想状态是，两人中任何一人承担的家务活都不要超过60%。

是的，家务活不只是一个人的事。因为家务不仅仅是家务，它还有一层象征意义：我是家庭的一员，我要为了美好的家庭生活付出自己的一份劳动。当女性要求另一半做些家务的时候，她也不是在使唤一个劳力，而是想要感受伴侣是跟自己在一起的。

很多时候，如果一个家庭的家务正常进行，那么这个家庭的整体情感功能不会有太大问题；相反，如果一个家庭的家务时时处于罢工的状态，或者非常混乱，这个家庭往往存在成员疏离、情感隔离和家庭功能受损的问题。

从心理学上讲，想要改善家庭氛围和夫妻关系，可以从调整家务分工入手。从行为动力学上看，调整一个家庭动作，动作背后的意义也将发生改变。毕竟，夫妻在保持各自独立感的同时，共同做一些事情，可以创造一种亲密、交流、温情以及互信的纽带。

如果你一直有使用家务清单的习惯，那么恭喜你，你是一个懂得经营家庭的智者。如果你一直为家务的问题头疼，现在就给本周的家务列一张清单吧！和伴侣商量一下，要怎样分工协作，把这些问题处理好。

家，不是某一个人的，而是两人共同拥有的，谁也不能逃避责任。从家务清单中找到各自的角色，是培养和提升家庭责任心的必修课。就算某一方因故没有做家务，也要让其通过清单的方式，感受到另一半对家庭的巨大付出。

✧ 每对爱情男女都需要一张吵架约束清单

琳琳的原生家庭不太好，她几乎是在父母的争吵中长大的。

琳琳的父母原来在同一个钢厂上班，后来，工厂效益不好，生活开始变得窘迫，父母的矛盾也日益增加，起初只是因为一些小事，后来升级演变成各种事端。目睹这一切的琳琳，深刻地体会到了“家会伤人”。

之后，琳琳离家读书、工作，远离了父母。

上了年纪的父母虽也争吵，却不如过去那么激烈，取而代之的是冷漠。前些年，琳琳的父亲得了肝癌，查出来已是晚期，去世时只有57岁。母亲这些年情绪状态不好，还有糖尿病、高血压等慢性病，也是拖着病痛的身体，一天天地熬着日子。

琳琳曾想：“如果父母早点分开，状况是不是会比现在好一些？”但这些话，她只是藏在心里，没有对父母说过，也觉得不该由自己说。

组建家庭后，琳琳也遇到了父母当年遇到过的问题。庆幸的是，她保持了一份理智，且时常提醒自己：不要像父母那样去处理问题，否则不仅自己不快乐，孩子也会不快乐。她以父母当年吵架的经历为鉴，和爱人一起制定了一份“夫妻吵架约束清单”。

第一条：吵架只针对当下的事情发表意见，不要翻旧账，揭彼此的伤疤。

第二条：控制自己的情绪，不把外部的压力转嫁到最亲密的人身上。

第三条：如果没有爱了，不要相互伤害，不要借由为孩子好的名义委曲求全。

第四条：……

在我看来，琳琳的处理方式是理性的，也是睿智的。两个独立的人，有不同的性格和习惯，在同一个屋檐下生活，产生分歧和矛盾是很常见的事。更何况，两性情感专家约翰·格雷也提到：“男人和女人之间，就像一场不同星球的对话——男人不可能百分之百地了解女人，女人也不可能百分之百地了解男人，这是永恒的真理。”

两个独立的灵魂，又存在性别和思维的巨大差异，吵架几乎是不可避免的。但吵架本身并不可怕，可怕是跟着情绪走，任由吵架不断升级，从鸡毛蒜皮的小事上升到人身攻击，伤害对方内心最柔软的部分，让感情再无回头之路。

想要解决吵架的问题，就需要准备一张“吵架清单”。当为了某个问题发生争执时，彼此要进行这样的思考——为什么这些事会引发争吵？有没有其他方式解决这个问题？

在思考的过程中，彼此把注意力集中到问题上，而不是情绪化地指责对方，强硬地要改造对方。后面这种方式只会让矛盾和争吵不断升级，且很容易令对方产生抵触心理。要知道，没有人是为了吵架而吵架的，我们最终的目的是解决问题，今后遇到类似的情况，可以以一个彼此都能接受的处理方式，心平气和地解决。

H先生有冲动购物的习惯，且有时买东西喜欢囤积，最后导致浪费。为此，太太很不高兴，觉得他太浪费，两人也为此争吵过。那时候，太太总是指责H先生浪费，花钱大手大脚；H先生内心觉得不甘，认为自己也是为了家人，心存委屈。

后来，太太意识到，这样解决不了问题。于是，她就换了一种方式。前段时间，太太偶然说了一句，佛手柑提取物的味道很好。结果，H先生下单买了两袋佛手柑片，说自己是可以煮出来的，结果那味道根本不是太太想要的。

太太没有因此跟H先生吵架，而是先肯定了H先生的做法，说："我知道，你是听说我喜欢佛手柑才给我买的，我挺高兴的。"接着，她又开始表达自己的看法和建议："可你看，人家的那些产品，都是经过专门提取的，不是这种原材料。今后，再遇到这样的情况，咱们就不要再买东西自己琢磨了，直接去买现成的，既节省精力，也能得到想要的东西。"

H先生听太太这么说，也意识到了自己的问题。经过商议，他们决定，今后遇到类似的问题，H先生要先跟太太商量一下，确定要不要买。如果实在想尝试，可以少量购买，就当DIY的投资。有了这样一份解决问题清单，两人就不会再为此吵架了。碰到偶然的情况，H先生忘记了，重犯了这个错误，太太可以说：“我们之前不是商量过了，对于这样的情况，应该……”这时，H先生也会意识到，真的是自己的问题。对此，太太可以予以原谅，并重申这一事项，让H先生加深印象，以保证今后少犯或不犯。

每一对爱情中的男女都需要一张“吵架约束清单”。在心平气和的时候，把最容易引起争吵的事宜列入清单，然后针对这些事宜，找到彼此都认同的解决方法。在这个过程中，我们可能会发现，问题并没有想象中那么严重，我们也能够更加理性客观地看待问题、看待身边的爱人，反思自己过往在处理类似问题时所犯的错误，为将来平和地解决问题奠定基础。

✧ 亲情无价，规划好陪伴家人的时间

2015年，我发小的父亲突发心肌梗死去世。

发小哭成了泪人，自责好几个月没有去看望父亲，说父亲发病时身边无一人在场，不知道都经历了什么。我能体会到她内心的愧疚，也更感慨人生无常，且行且珍惜。

我们总以为，还有很多时间去陪伴家人，还有机会去完成一些心愿，却没想到，人生中的意外来得那么突然，让多少“我以为”“我想着”……变成了“我再没机会”，留下一生都无法弥补的遗憾。

那件事情发生后，我的内心受到了巨大的触动。自那以后，我给父母打电话的频率增加了，一周至少要通话3次，且每周都会回家，哪怕只是吃一顿家常便饭，也要这么做。我也会定期去看望奶奶，带她出去吃点她从未品尝过的食物，看一场有趣的3D电影，不管她能否看得懂，也不介意她中途是否会睡着，我只是很享受和她在一起的时光。

新《中华人民共和国老年人权益保障法》出台后，里面有一条规定是，家人应该“常回家看看”，多关心家里的老人。不知道看到这一则硬性规定后，多少人会唏嘘不已？扪心自问：漂泊在大城市的

你，多久没有回家看望过父母了？在职场中忙碌的你，多久没有陪妻子和孩子逛过公园了？似乎，为了生存，我们一直都在忙，忙得没空喘息，更没空陪家人感受鸟语花香，或者在午后的窗前，跟家人一起喝杯茶、聊聊天。

亲情是这个世界上让人最难以割舍的感情，也是值得我们慎重对待和珍惜的事物。如果可以的话，恳请你现在就给自己制订一份亲情清单。当你把生活数字化之后，它会明确地告诉你，你有多少天没有回家了，你有多少天没有给父母打过电话了，你有多少天没有见过孩子的音容笑貌了。在一堆数字面前，你会感到震撼，那种想回家看看、和家人在一起的冲动，也会变得格外强烈。

没有清单，没有计划，人会活得比较懒散。很多事情，一旦不经常做，不被排上日程，就很容易被忘记，或是一再往后拖。有了亲情清单，回家陪伴家人这件事就成为生活中的一部分、一个任务，督促着你去完成。

那么，如何来制作亲情清单呢？它应该包括哪些内容呢？

在此，列举一个简单的内容范本，仅供大家参考。

·家庭成员组成：父母、岳父母、妻子、女儿。

·预期陪伴时间：每月看望一次父母与岳父母；每周末陪妻子和女儿一天；不出差和加班的情况下，每天陪妻女吃完饭，和女儿玩半小时。

·陪伴活动安排：看望父母和岳父母，可到家中探望，帮老人做一些家务；或者，带老人外出一日游，感受大自然。带妻子和女儿逛商场、逛公园，或者去博物馆参观。

上述只是列举了大致的内容，具体的亲情清单可以根据我们的实际情况来制定。就我而言，离家较近，适合每个月根据当下情况制定一份清单，把时间安排、活动安排写得详细一点；同时，我也会做一些备注，假如天气有变，或者临时有工作安排，如何应对？有没有其他的时间与活动可替代？如果离家较远，就要按照半年或一年的情况，制订相应的亲情清单。

总而言之，家是心灵的避风港，无论我们离家有多远，都不能忘记去用心维系一生仅有一次的亲情关系。亲情本该是常挂念于心的，更应该是发自内心的爱，一旦变成了法律强制执行的事宜，只会让亲情显得更加冷漠。

✧ 列出购物清单，告别无节制的消费

对作为“吃货”的我而言，逛超市是生活中的一大乐事。

看到琳琅满目的食品，感觉好像都是需要的，特别是新鲜的蔬果，色泽诱人，偶尔还会赶上特价，总觉得不买太可惜，结果，看到喜欢的就顺手放进推车。每次逛完超市，微信钱包都要大缩水，至于买回来的那些食物，却不一定都吃得完，甚至有不少东西，最后的结果都是放到变质或过期，被白白地扔掉。

我还发现，这种胡乱购买东西的行为，不仅仅出现在超市。在生活的日用品、服装等东西上，也存在随心所欲消费的问题。买的时候很开心，买回来之后发现不都是有用的，也并没有那么喜欢。回想起来，甚至还有点后悔，觉得浪费了不少时间与金钱。

那么，有没有什么办法能够帮我们降低过度购物的瘾呢?

我发现，列出购物清单真的是一个很好的办法。现在，我每次去超市之前都会列一个清单，只买一周内需要的食材，不囤积货物。这样的话，我在超市待的时间缩短了很多，不会闲逛乱逛，直奔目标即可。说实话，省心又省钱。

不过，列购物清单并不单纯地指用一张纸记下自己需要购买的物品，这是最基础、最简单的做法。实际上，往深层次说，它还要求我们在心里对自己需要的物品进行分类。

· A类物品：生活中必不可少的东西。

· B类物品：可有可无，偶尔需要的东西。

· C类物品：完全不需要，买来就会囤积的东西。

带着这张清单出门，在想入手一件物品（衣服、鞋子、电子产品）的时候，我们就可以对号入座，有效地减少冲动消费。

如果属于A类物品，是必不可少的，且当下正需要，那就毫不犹豫地买；如果属于B类物品，可仔细考虑一下，看是否真的喜欢，估量使用频次，看值不值得购买；如果属于C类物品，那就要提醒自己，只是“想拥有”的欲望在作祟，它对自己而言没有太多的价值。

经过几次这样的练习，不仅能够帮助我们减少购物支出，更能让我们的思维逐渐变得理性，明白自己真正需要的是什么，清楚地分辨出哪些是真实的需求，哪些是作祟的欲望。

如果暂时做不到这一步，也可以在购物之前用一张纸写下想要购买的所有东西。写完之后，对这些物品做一个筛选和归类，看看哪些是必需品，哪些是可有可无的，哪些是完全可以舍弃的。最后剩下的，就是自己此次购物的目标了。

直到有一天，我们能够做到，不需在纸上列清单，而是在购物的过程中，看到一件物品就清楚它在购物清单中属于哪一类，那就意味着已经回归到理性消费的状态了。把这个状态持续下去，并在心里对物品做进一步的筛选和归类，就不会被诱惑牵着走了。

✧ 拒绝糊涂账，每一笔钱都记录在账

现在，请你回想一下：上个月你的电话费是多少？你买衣服花了多少钱？家庭用品花了多少钱？共同消费多少？按照你目前的工资计算，是花超了，还是有结余？

这并不是什么有难度的问题，可大概90%的人都无法给出准确的答复，哪怕是一个贴近事实的预估数字。因为绝大多数人都没有列开支清单的习惯，特别是现代的年轻人，每到月末钱包就空了，或是欠了一大笔的花呗，却怎么也想不起来，钱到底花在哪儿了。望望身边的物件，好像也没添置什么贵重的东西。

事实就是这样，不进行财务管理，日复一日，年复一年，留下的就是一笔笔“糊涂账”。别小看这件事，当我们对自己的财务糊里糊涂时，我们对整个人生的把控也会受到影响，因为你会处处受限、处处受阻。

想实现财务自由，第一步就是要学会建立支出清单，把每一笔钱都记录在账。这样的话，你会发现，自己在哪些方面开支过多，哪些开支是必需的，哪些是可以节俭的，继而让自己更加清楚该怎样合理

地花钱，开源节流，实现储蓄的积极成长。

那么，怎样从支出清单开始，实现财务规划呢?

· Step1：建立自己的财务报表，了解收入与支出情况

很多人存不下钱，是因为没有做好规划，甚至根本不知道自己一年到底赚了多少钱、花了多少钱。为了避免继续糊里糊涂下去，我们要学会记账，了解开支情况。

记账分两个部分：收入和支出。我们可以把这两个部分进行详细的分类，如：

收入	支出
· 工资收入：~元	· 房租开支：~元
· 理财收入：~元	· 生活开支：~元
· 副业收入：~元	· 交通开支：~元
· 其他收入：~元	· 衣物开支：~元
· ……	· ……
总计收入：	总计支出：

上述的这个列表可以按月来制定，有些项目的收支是固定的，比如工资收入和房租开支，这些基本上不会有太大出入，月初直接填写上就好。至于理财收入、副业收入等，需要到月末做一个总结，才能知道具体的数字；支出这部分也是一样，尤其是生活开支，每天都要买食材、家居用品，需要按天来记账，最后再做统计。

总而言之，经过一两个月的总结，我们大致就可以知道，自己在哪方面的支出比较大，其中，有哪些消费是可以精简的，这样，就会下意识地在这方面控制一下，实现节流。当我们开始不再大手大脚花钱，去掉不合理、不必要的开支后，就可以开始强制储蓄。随着储蓄一点点地增加，内心的成就感和安全感也会随之上升，从一个月只攒下200元到一个月能攒下2000元，你会发现，自己对生活和未来变得更笃定、更有底气。

✧ 扔掉无用的物品，创造整洁的小家

我很喜欢《我的家空无一物》这部日剧，觉得很有治愈感。

女主角的妈妈和外婆在家里囤积了各种各样的物品，原本就狭小的空间全被物品占满了，人置身于其中，就像是在夹缝中生存。女主角厌倦了这样的状态，开始了对物品的“断舍离”，扔掉所有无用的、多余的物品，只保留生活的必需品。

到最后，女主角可以躺在客厅空无一物的地板上，享受着宽敞、干净、自由的空间。家里的柜子、桌子、抽屉也都很干净，只有简单的水杯、餐具，让人看了格外舒服。

回想起我跟父母在一起生活的那些年，居住环境和女主角之前的有几分相似。

那时候，我们都还住在老旧的平房里。客厅的沙发上经常放着两三件衣服，有时甚至放着一摞洗干净的衣服，穿的时候直接拿；这样的情景，在卧室里也很常见；厨房里的各种锅，有的放在地上，有的放在灶台上……总之，一切都是凌乱的。在这样的环境里，经常会听到一个声音：“你看见我的××了吗？找不着了……”

东西太多了，杂乱无章，找起来必然很费力。但问题的实质在于，原本应该囤放这些衣物的地方，被老旧物件占得太满了。衣柜里的挂杆上，还有爸妈20多岁时的大衣，床箱里还有他们结婚时的被面；厨房里那些老旧不堪的盘子和碗也早就该从橱柜里消失了，毕竟一年都不会被拿出来一两次。

不舍得扔掉旧物，其实是有心理症结在作祟。父母在早年的生活中吃了不少苦，总觉得家里的一瓢一碗都是靠辛苦赚下来的，要他们把这些东西彻底扔掉，如同在割舍自己曾经的付出。尽管现在的生活条件好了，居住条件也好了，但原来的生活习惯，以及旧的思想观念，早已在心里深深地扎了根。

把所有的物品都囤积起来，新的舍不得用，旧的舍不得扔，在形式上是一种持有，但这种持有换来的是什么呢？是凌乱，是逼仄，是美好的东西得不到充分的享受，无用的东西又耗费了太多的空间和精力。

在物资短缺的岁月，谁持有的货物多，谁的生活就会好一些。可在物质丰盈的时代，生活已不再如从前，持有也不代表幸福，更不能等同于美好。因为拥有的物品不一定都是我们真正需要的，也不一定能给我们带来美好的体验，但有一点可以确定，它一定会侵占我们的时间和空间，遮掩住原本可以更加精致的生活。

这几年，家里有了新的房子，而我也开始不断向父母灌输“扔掉无用的东西”的生活理念。丢掉无用品，扩展空间，获得的是宽敞和整洁，以及更加有序的生活。可能你会问：面对一个杂乱的、堆砌着杂物的房间，该怎么清理呢？

那么，清理物品要从什么地方入手呢？

不要着急，家里有多个房间，物品繁杂混乱，我们不能指望一下子就把所有的问题都解决掉，把整个房子都清理完毕。每次，我们只要关注一个区域就可以，如：大到一间卧室，小到一个柜子，或者一个抽屉。通常，从最简单的地方开始，最容易让我们积累成就感。

清理物品的本质，是对其进行筛选和归类，我们需要列一个清单：

· A类：需要保留的物品；

· B类：需要收纳到其他地方的物品；

· C类：需要处理掉的物品。

做好分类以后，把要保留的A类物品放回各自的位置，常用的放在显眼处，不常用的往后放；把B类物品放到它们应该待的地方，如：沙发上放着的玩具，把它们放进玩具箱；椅背上挂着的脏衣服，放进脏衣篓。

至于需要处理掉的C类物品，我们可以继续进行分类——扔掉、送人、出售，然后，以恰当的方式分别处理。总之，不要让它们继续待在那里，要尽快解决，不然的话，它们很快又会乱成一团，让你感到头痛。

在清理C类物品的时候，最好一边行动一边思考，在脑海中对“杂物”形成一个清晰的定义。比如，有人认为杂物是“无法为生命增值的东西”，也有人认为“干扰自己过上应有生活的东西”。我在清理物品的时候，会做这样一个判断：某件东西，我不知道它有没有用，或者也不觉得它很美好，那我就会把它当成杂物清理掉。

别再把情感、精力、空间用在那些已经毫无价值的事物上了，我们要列一个用品清单，关注什么才是自己真正喜欢和需要的东西，然后把那些不再重要、不再需要的东西彻底清理掉，腾出更多的空间给现在，享受此时此刻的生活。

Chapter/07

生活清单，过简而美的日子

✧ 规律作息，健康是一切的根本

你一定听过这句话：年轻是最大的资本。所以，趁年轻，你要做自己想做的事，见自己想见的人，去自己想去的地方……听起来多么酷炫，充满了希望。这一切看起来顺理成章，以至于很多人都忽略了，这样的情景也是有前提条件的。

在岁月和年轮面前，年轻是一种资本，可在健康前面，年轻并不是资本。肆无忌惮地挥霍与放纵，不过是在提前透支，过上5年、10年，欠下的所有都要一一偿还。

W是我的高中同学，现在从事程序员的工作。前段时间，偶然遇见，他面容憔悴，眼圈黑暗，头发也比之前稀疏了不少，看起来有点显老。他说自己去医院做了一个体检，血常规和尿常规没什么问题，但是心律失常，最近经常睡不好觉。

细聊得知，W每天早起晚睡，至少有8~9个小时都是在电脑跟前度过的。期间，甚至有4~5个小时，他都不会起来活动，只是偶尔喝杯水，等发觉饿了的时候，已经是黄昏了。工作强力地支配着W的生活，直到近期他感到不舒服，才突然害怕起来，担心自己的身体出问题。

从重要性上来讲，生活方式胜过事业成功，因为它对人有致命的影响力。每个人都要对自己的生活方式进行管理，结合自己的实际情况，制作一张作息清单，这是属于你自己的节奏，能够保证让你的高效能建立在健康的基础上，而不是拿生命健康去换取。

自由职业者看似自由，实则需要高度自律。如果不能把工作和生活协调好，就可能会导致，工作无法完成、生活没有规律。正因为此，我这个在家工作的自由撰稿人，早在几年前，就给自己制定了作息计划表。虽然，偶尔也会有些许变动，但大体计划安排是固定的。

· 7：00~7：30，起床、洗漱、准备简单的早餐

· 8：00~11：00，高效工作时间，屏蔽一切干扰（备注：期间每隔1个小时起身活动一次，做30个开合跳，或是做简单的拉伸。之后，给自己倒一杯水（240ml左右），每小时要喝一杯水）

· 11： 00~12：00， 统一处理消息，准备午餐

· 12：00~12：30，午饭后，整理厨房，权当饭后的活动

· 12：30~13：00，小憩一会儿，午休很重要

· 13：00~16：00，高效工作时间，屏蔽一切干扰（备注：期间也是每小时起身活动一次，做简单的运动。下午15: 00左右可以吃一个水果，或者一袋坚果、一杯酸奶）

· 16：00~17：00，对工作进行收尾，处理琐碎的任务，统一回复消息

· 17：00~18：00，晚餐时间，吃完收拾厨房，打扫一下书房、客厅

· 19：00~20：00，运动时间，依据体力情况而定，30~60分钟的锻炼

· 20：00~22：00，读书、看电视、陪伴家人，自由安排

· 22：30，准时睡觉，不熬夜

以上就是我的日常作息计划，大致安排是这样的。在这份作息清单中，最不容易执行的并不是白天的工作，而是20:00~22:30的这段睡前时间，意志力低下，疲惫了一天，总想做点自己喜欢的事，比如刷手机、追剧……一不留神，就超过了睡觉时间，变成了熬夜一族。

所以，睡觉之前做的事情，直接决定了我们第二天的生活质量。我的体会是，睡前半小时尽量不要再看手机，可以在床上躺着，做几个简单的拉伸动作，或者看两页比较轻松的书，听一点舒缓的音乐，让自己的大脑不那么兴奋，更有助于睡眠。

既是清单，就需要有一些强制性的规定，如果今天不小心熬夜到23：30，那么明天就要惩罚自己，睡前不许玩手机，提前1个小时上床休息。健康的身心来自良好习惯的养成，这件事情并不紧急，但很重要，需要我们每天付诸实际行动。坚持吧，这是一件让我们终身受益的事，值得用心去做。

✧ 不要辜负任何一个美好的假期

当周末或节假日到来之前，很多人都是满怀期待的，畅想着可以放下工作，做点自己真正喜欢的事。然而，有多少人最后真的把假期过得很有意义呢？恐怕只有20%吧！剩余那80%，往往是到了假期的最后一个晚上，才感慨又要上班了，回首这个之前让自己充满期待的假期，似乎什么也没做，只是睡个懒觉、吃了点外卖、逛了逛商场，就结束了。

有没有什么办法能避免这样的状况，让假期不白过呢？

清单！没错，你需要的正是它。在假期来临之前，无论是周末还是小长假，试着给你的假期做个规划，你会惊奇地体验到，时间不是一晃而过的，你真真切切地感受到了它，也在时间流逝的过程中，有了视觉、听觉、触觉、味觉上的美好体验。

打个比方，今天是周三，我已经做好了这个周末的安排。

· 周六

8:00，起床，喝一杯咖啡，花两个小时打扫卫生，干活期间听两本书

10:00~12:00，精心准备午餐和甜品，午餐是烤鱼（料已下单，鱼在冰箱），甜品是葡萄撞奶，以及红豆汤+烧仙草（料已下单）

12:00~13:30，收拾完饭后的餐具，休息1个小时

13:30~14:00，吃准备好的甜品

14:00~17:00，去宜家选购衣柜（已测量好尺寸，有预期的目标），以及衣柜里的收纳箱，顺便去宜家餐厅，解决晚饭问题

17:00~18:00，回家休息

19:00~21:00，看一部喜欢的电影

22:00~22:30，睡觉时间

·周日

8:00，起床，吃一顿丰盛的早餐

9:00~14:00，出发去20公里远的景区爬山，途中买补给食品，解决午餐问题

15:00~17:00，回家休息

18:00~19:00，整理工作物品，准备周一上班所用

19:00~20:00，洗衣服，整理房间

20:00~22:00，看书，做点和工作相关的小事，收收心

22:30， 睡觉，不熬夜

这就是我本周末的安排，重要的事项就是选购衣柜，以及周末进行一次爬山运动。活动安排得并不多，时间也充裕。如果是较长的假期，想要远行，就需要做更加详细的清单了。

以3天的假期为例，你准备去外地自驾游，那需要根据这个时间来选择合适的地点，规划行程。切记，不要贪多，不要贪图完美。3天的时间比较适合自驾去200~300公里外的地方，路程3个小时左右，地点至多两个，太多了会累，也玩不好。一定要考虑到，假期是为了好好享受，而不是紧赶慢赶地完成任务，以至于上班后都无法进入状态。

出行之前，还要列一份出行清单，有选择性地带物品出门。每个人、每个家庭情况不同，我们没办法列出具体的内容，但有一些原则是通用的，希望能给大家一点参考。

·原则1：明确什么东西不能带

如果是乘坐火车出行，违禁品是绝对不可以带的。如果是自驾出游，考虑到住在什么地方，有哪些东西是酒店和民宿提供的，这些东西就不必带了。

·原则2：确定哪些东西必须带

排除了不用带的，接下来要做的就是，确定哪些是必须带的。比如，身份证、手机、银行卡、充电器；家里有老人或孩子，老人的常备药物、孩子的纸尿布、水瓶等，都是必带的。同时，还要根据出行的时间来选择，当然了，在保证功能性的基础上，东西是越少越好、越轻越好，太过沉重和庞大的物件，会影响旅行的感受。

总之，对假期和出行进行清单管理，既能让有限的时间显得丰富充盈，也不会辜负每一个休息的日子。提前做好计划，带必需的东西，既满足实际需要，又不增加额外的负担；既不浪费思考精力，又能有效降低犯错的概率，何乐而不为呢?

✧ 划出自己的底线，告别勉为其难

日本有位教授曾发出过这样的感慨：“央求人固然是一件难事，而当别人央求你，你又不得不拒绝的时候，亦是叫人头痛万分的。因为每一个人都有自尊心，希望得到别人的重视，同时我们也不希望别人不愉快，因而也就难说出拒绝的话了。”

简短的一段话，道出了太多人的心声。也许是天性使然，心软和爱面子可谓我们在人际交往中的“软肋”。面对他人提出的不合理要求，或是自己不愿意接受的事，总是抹不开面子拒绝别人，担心伤了彼此的情谊；可若不拒绝，为了息事宁人强忍着，又实在委屈了自己。

人是难以欺骗自己的，许多事情，就算我们当时不好意思拒绝，违心地选择了接受，可内心的不情愿不会放过自己，它会不时地搅乱我们的安宁。内心的负面情绪不断积压、蔓延，就会成为一种“传染源”，让身边的每个人都察觉到异样。当我们把消极的语气、情绪和表情传递给他人时，也间接地让他们接收了你的信号，将其反馈到自己身上。

与其兜兜转转地在痛苦里煎熬，倒不如直截了当，从一开始就不让自己陷入纠结中。这就需要我们设立自己的原则和底线，对生活中一些不愿意接受、勉为其难的请求，列一个拒绝清单，时刻提醒自己：碰到类似的问题，不要再去犹豫和纠结，也不要为了面子而轻易答应对方，这是会让你难受的事，你有权利拒绝。

我认识的一位女老板，平日待人很好，办事也公正。她的下属中有外聘的员工，也有家里的亲戚，但在遇到事情的时候，她总能不偏不倚。为此，有人就说她冷漠，六亲不认。她有时候也觉得委屈，可想到公司要发展，就必须有规矩，必须一视同仁。

她的公司从成立到现在，已经有10年左右了，发展势头一直很好。我想，这不仅仅是运气的问题，也因为她坚持原则，才能留住外聘的人才。至少，跟着这样的老板，你不会觉得“冤”，做得好就能得到重用，做得不对无论是谁都得挨批，没有所谓的远近亲疏，有的就是一个共同的目标。

很显然，这就是一个执行“拒绝清单”的例子——原则面前，拒绝谈人情。谈及生活的时候，懂得换位思考是修养；谈及工作的时候，原则就是堤坝，不能让人情的河越界。

再如，遇到钱和感情的问题，很多人也找不到平衡点，不是谈钱伤感情，就是谈感情伤钱。对此，我们就可以把和金钱有关的一些问题列入“拒绝清单”中，比如，我给自己设立的一个原则就是：如果对方是为投资借钱，要委婉拒绝。毕竟，我不太了解对方投资的项目，把钱借出去要承担很大的风险，很可能有借无还，这样的代价我不愿意承受。

我的“拒绝清单”里还有一条，就是不做“情绪垃圾桶”。当身边的某个朋友总是向我传递一些消极的情绪和思想时，我就会提高警惕。这样的谈话会在不知不觉间产生催眠效应，跟这样的朋友聊天后，我很容易陷入失落的情绪之中。特别是，当我本身的情绪不是特别稳定时，更容易被击垮，导致自己郁郁不乐，工作和生活都受影响。所以，那些对浪费时间而无实际用途的谈话，那些消耗我精力的反复唠叨，我都会拒绝。

说白了，这份“拒绝清单”更像是我们为自己设立的一条心理界线，它让我们清楚地知道：哪些领域是自己的，是别人不能侵犯的；一旦越界了，我们就不再是真正的自己，以及渴望成为的自己。有了这个界限，在面对他人的请求时，就知道自己该不该拒绝了。

✧ 列一份情绪清单，找出解决之道

有一项心理学调查项目，对全球20座主要城市的上班族进行长期跟踪采访，这些调查对象的年龄在24~28岁之间，收入介于温饱与中产之间。尽管调查人员事先预料到，焦虑是现代社会普遍存在的现象，然而调查结果显示的焦虑人群的比例却远远超出了他们的想象，以至于让他们感到震惊。

调查项目组的一位成员说："有明显持续焦虑感的人超过65%，轻微焦虑感的仅不足8%。剩余20%的人群患有严重的焦虑症，情绪处于强力的压制之下，我在采访中就能够感受到，他们的坏情绪随时都会爆发。"

这位项目组成员在调查中负责的工作，主要是收集、汇总数据，确认邮件的真实性，电话回访，等等。他与上百名受访者进行过电话交流，对他们的心声感同身受，因为他自己也遇到过情绪管理的难题。

焦虑，似乎成了这个时代的附带品，无论是身价上亿的企业家，还是收入微薄的工薪阶层，压力感都如影随形。焦虑的体验，没有固定的对象和根源，几乎人人都不可幸免。

朋友茜的失眠问题已经持续快两年了，她经常瞪着眼等天亮。有时，前半夜睡着了，到了凌晨三四点就会醒，一旦醒来便再难以入睡。这样的睡眠状况严重影响了她白天的工作和生活。最近，公司来了两位“空降兵”，茜瞬间觉得，自己的焦虑感噌噌地往上涨，让她感到心悸。

她给我打了一个多小时的电话，但毫无条理，有的只是情绪爆发。这样的谈话没有意义，我提议说：“你把所有的情绪和感受都写下来，咱们再逐一分析，好不好？”之后，我看到了茜的情绪清单，上面赫然写着：

· 自卑：总觉得自己不如别人，谁都比自己优秀

· 焦虑：担心事业前景，不知道明天会怎样，生活有没有保障

· 疲惫：任务繁重，加班加点也做不完

接下来，我帮助茜一起分析她的这张情绪清单。下面的描述，是一个引导的思路，只作为案例给大家做一个示范式的呈现。

· 自卑——你认为哪些人比你优秀？写下他们的名字，然后比较一下，他们在哪方面比你优秀？是不是所有方面都比你出色？他们哪些方面存在不足？这样对比之后，就能够客观地判断出，你的真实情况是什么样的，你是否如自己说得那么糟糕。

· 焦虑——意识到自己在公司内的生存危机，对提高竞争力有什么帮助吗？怎样才能让自己的事业更有保障？是不是应该把思考的重点放在提升自我能力上？当你的能力提高了，可以独当一面甚至N面

时，如果你是老板，你会不会重用这样的员工？

· 疲惫——工作是永远做不完的，你能不能列一个工作清单？制订合理的工作计划？哪些工作是必须自己完成的？哪些工作可以委派给他人？人的精力有限，时间也有限，每天把最重要的事情做好，就完成了70%的大任。这样的话，压力感会不会小一点？

……

通过这样一番分析，茜不再是焦头烂额一团糟的状态，她逐渐理清了自己焦虑情绪的源头，并开始思考解决的路径。事实上，把问题呈现在纸上之后，她也发现，好像自己没那么悲观了，而那些问题看起来也不是很难解决。

焦虑不可怕，怕的是逃避，不敢正视。越是躲藏，潜意识里积累的负面情绪越多，因为一直没有得到释放，情绪的负面力量不断积压，到了一定量的时候，就会彻底爆发。待到那时，后果往往是难以预测的。

有些情况下，我们会莫名地感到心烦，面对这样的状况，不能听之任之，也不能勉强自己硬撑。这个时候，特别适合用清单来梳理思绪。比如，你可以总结一下，有哪些负面因素会让你感到焦虑、情绪低落？

· 工作任务安排得过于密集，一开始就让自己喘不过气，总担心做不完。

· 没有提前准备好客户清单，有些工作没能达到预期效果。

·经济形势下滑，担心公司业务受到严重影响。

·下属做事拖沓，效率低下。

……

当你把这些因素都列出来以后，你的头脑可能会变得清晰一点，因为你知道，你会为哪些事感到烦躁。结合此时此刻你所遇到的状况，你又能够意识到，可能是哪些相似的因素影响了你的情绪。列出这些因素之后，接下来要做的一项工作就是，针对性地改善，去掉焦虑源，这样才能够真正地提高情绪管理水平。

从生理上讲，容易紧张焦虑的人，由于长期的情绪波动，形成了一种焦虑的特质。通俗地说，就是焦虑有了记忆功能，每当遇到相似的情形，它在潜意识里就会重生，久而久之，就形成了焦虑性格。所以，列出让你感到焦虑不安、烦躁的因素，有针对性地去处理它们，不断去尝试新的解决路径。

具体该怎么处理呢？这是很多人都想知道的。

在我看来，与自己对话、自问自答，是一个发现问题、解决问题的好办法。

这种对话要很真诚，你不能逃避负面情绪，要直面它们，认清它们是如何在你内心制造痛苦的。同时，也要看到，是不是在处理某些问题时，带有错误的认知和评判，导致了这种情绪的发生。对于一些关键问题，你要很坦诚地回答，不要欺骗自己，这是毫无意义的，甚至会让你付出更大的代价。

举个例子。你没有完成某项工作，内心焦虑，那么你可以问问自己：为什么我会没有完成？时间浪费在什么地方了？结果，你可能会发现，你过分在意细枝末节，苛求完美。那么，这个结果就是你的收获。你需要在清单上列出这一项：过分追求完美，导致完不成任务，产生焦虑和自责感。处理办法就是，认清世间没有完美的东西，过分追求完美可能什么也做不成，先把事情完成，再去雕琢细节，才是可行之道。

列情绪清单的目的是梳理思绪，找到问题根源，并想办法解决。然而，真的要让自己获得轻松，拿回情绪的掌控权，还需要告诉自己，在关键时刻该做些什么，不能只是列在纸上就完了，要付诸实践。

✧ 不错失真朋友，不陷入有害社交

现在的通讯方式很便捷，打开微信发条消息，无论文字还是语音，对方即刻就能收到。但我们也发现，打开微信通信录，看起来有上千个好友，但真正算得上好友的，寥寥无几。许多名字就只是一个网名，不知道对方是谁，也忘了他因何会存于自己的通讯录；那些曾经和自己交过心的朋友，也因许久不联络而渐渐生疏，变得连打招呼都显得很刻意。

很多人都意识到了这个问题，但面对现状总有一种无力感，似乎不是自己可以把控和决定的。真是这样吗？不尽然，我们在社交的问题上，更多的是秉持随意的态度，对其实行刻意管理的人，简直是凤毛麟角。其实，社交也是可以用清单来管理的。

我们需要一份什么样的社交清单呢？在拟定社交清单之前，我们先得弄清楚一个问题：什么是真正的社交？在这个互惠互利的时代，认识多少人不是成功的专有名词，更重要的是和多少人保持良好的互动，且在这些人中有多少是值得深交的高质量的朋友。有的人自诩微信好友三五千，遇到问题时，找不到一个可以帮忙的人，这样的社交都属于无效社交。

华盛顿公共关系专家罗尔巴赫说过一番话："大凡那些成功的政客和企业家，他们可能在工作上一无是处，总是依赖自己的助理和智囊团做出判断，但他们无一例外都是交际好手，是出色的社交专家；他们明白自己脚踏何处，知道如何务实地寻找并整理资源，建设高质量的交际群体。"

那么，一份务实的、健康的社交清单，应该包括哪些内容呢?

·同学清单

同学是比较容易保持较长时间的人际关系，且老而弥久。毕竟，同窗之间的感情，在昔日里是非常纯粹的，代表着一个人青春年华的记忆。只是在毕业后，大家各奔东西，从事不同的行业，相互之间的联系必然减弱。有时，你可能惊讶地发现，10年后和老同学碰面时，他已经成为某一行业或某一领域中的重要人物，而你对此一无所知。

这时候，如果请求对方帮忙，就显得有点儿唐突了。所以，不妨从毕业开始，就把同学的资料整理一下，做成清单，每年定期沟通并交换最新的沟通方式。这样的话，可以保证你任何时候都能够联系到他们，且在学习、成长的过程中，多一个陪伴的友人。这笔人生中的黄金资源如何发挥价值，就取决于我们如何思考和对待。

·朋友清单

整理一下生活和工作中的朋友名录，为他们设立一个档案，组成专属的朋友信息库。这个信息库里，要记录朋友的专长、联系方式、地址变更、工作变化等，时刻保持最新的消息，防止打不通电话、收不到礼品等事情的发生。

朋友之间的关系，有赖于联系的频率。如果你和对方每周都联系，他换了电话，也会第一时间告诉你；如果1~3个月联系一次，他就有一半的概率会忽视掉你，因为觉得你们之间的关系没有必要立刻通知你这些事，想着“有空再说”，结果就被搁置了。

所以，不要嫌麻烦，一定要跟朋友定期沟通，哪怕只是一条消息，也要及时联络。

·重要相识者清单

有些人算不上是固定的朋友，只是在其他交际场合认识的，彼此之间不太熟络，就是交换了名片，保存了联系方式。但是，这些人有潜在的长远价值，所以也不能忽略。对这样的人，可以专门列一个清单，记录每个人的行业、工作特点、职位，按照行业或姓氏进行分类保存，以备不时之需。

·“有毒朋友”清单

交友不能盲目和泛滥，有些人是需要我们主动远离的。比如，有些人平日里很喜欢喝酒，经常念叨：“烦心事太多，喝了酒就什么都忘了。”如果经常跟这样的朋友一起吃饭喝酒，时间长了，很有可能会养成借酒释放压力的习惯。再如，有些人张口就是抱怨，从工作到生活，从家庭到职场，好像就没有让他满意的人和事。就算你跟他提议，他也听不进去，依旧说自己的那一套。长期跟这种满身负能量的人相处，是一种巨大的消耗。

美国心理协会流行一个词语，叫“有毒的朋友”。他们发现，越来越多的人意识到，有些不开心可能是朋友带来的。所以，我们要给那些正在或将会毁掉自己优质生活的朋友列一张清单，里面可能包括：负能量爆棚的人、自私自利的人、不讲信用的人、敏感脆弱玻璃心的人、爱唠叨抱怨的人，等等。

上述的几个清单，是对我们相识的人进行一个分类，做一个详细的记录。然而，在真正的社交中，我们是需要对社交清单进行分级管理的，因为大脑的思考能力有限，我们的时间精力也有限，不可能同时对50个人保持同一种关注度。故而，我们还要对同学、朋友、相识的人进行分级。

·A级：亲密且长期的朋友

相识多年的同学、发小，或是共事许久的合伙人、经常一起喝茶的朋友，这些都是离我们比较近的一层关系，无须费心刻意经营，只要保持点对点的日常联络即可。因为他们早已融入我们的生活，就像我们的亲人，随时随地都可能在互动。

·B级：亲人和朋友

这一层级的关系，主要是由血亲关系和兴趣关系构成，前者是我们的亲戚，合适的时候打电话问候，或登门拜访；后者是与我们因各种兴趣、活动组成的朋友群，定期相约参加特定的活动，如插花、色彩搭配、理财等，需要定期关注，如果有几次活动不再参加，彼此的关系就可能会渐渐疏远。

·C级：工作上的伙伴

工作关系是很重要的，上司、同事、客户都在其中，人员众多，关系复杂，打理起来并不容易。对这层级的关系，我们首先要做的是简化，在庞大的人员系统中，先找到志趣相投、相互支持的重点关系人，形成长期、固定和有温度的联络，这有助于工作的顺利进展。

在拥有了相对稳定的关系后，可以借助这个群体的资源，渗透外围的群体，提高清单的档次。你会发现，在不同的群体之间，存在严重的信息不对等，而这正是我们需要努力的方向，即从不对等的信息中获取资源，体现价值。

我有一位朋友，从事销售工作。他的客户之一正在创业，但资金方面遇到了困难，恰好另一位客户是做投资的，朋友就介绍两个人相识，促成了合作，同时也加深了他和两位客户之间的关系。

·D级：经人介绍的朋友

有了前面3个层级的社交群体以后，我们会发现，经常会有人介绍一些新朋友给你，可能是偶然的相遇，也可能是出于工作需要等，但这种关系是“隔层”的，我们需要重点了解的是中间关系人，他对对方的熟悉程度、信任度，是否合得来。这类朋友通常是不稳定的，如果没有特定的需求，也只是抱着聊聊看的心态。但是，他们同样不能被忽视，特别是在工作关系上，也有机缘巧合会促成某些合作。

社交的本质是人与人之间心灵的沟通，坦诚和相互学习的态度永不过时，对身边的人际关系进行分类甄别，也是为了保持清单的健康，远离无效的、对身心无益的社交。优秀的社交清单，可以精确、全面和高效地在我们与他人之间建立一座桥梁，组合资源，建立交集。

不过，我们也要明晰一点：无论是纯粹的朋友，还是商业合作的伙伴，其本质都是人，利益固然重要，但它不能依附于人的身上。糟糕的社交，通常都是从利益开始，以利尽结束，这不是我们追求的。我们设立清单，为的是交到朋友，不是去挖掘利益，尽管利益也很重要。哪一个在前，哪一个在后，差别甚大！

✧ 多一份挑战，多一份精彩的体验

莎士比亚说："本来无望的事，大胆地尝试，往往能成功。"

南非女孩菲奥娜，从16岁开始徒步旅行，用了2年的时间途经14个国家，步行16181公里，纵跨非洲大陆，闯入吉尼斯世界奇迹榜。

整个旅途最艰难的日子，莫过于在扎伊尔境内。1991年9月，那里政局混乱，菲奥娜被外籍军团空运出境。当她再次回来时，她和自己的野外生存训练教练米尔斯一起日行了50公里。但在之后的几个月里，她简直像被梦魇缠住了一般，无论走到哪儿都会遭到当地人的攻击，被扔石头、殴打、言语侮辱，他们把她当成了人贩子、野人。

面对这样的境遇，怎么办呢？菲奥娜说："当大大小小的石头落在身上，唯一的办法就是保持原来的速度继续往前走！一切都是注定的，不要抱怨，不要消沉。"不幸的是，她和米尔斯又患了痢疾，在热带雨林里被困了整整7个月，从早到晚头发都没干过，衣服也发霉了，身上到处都是难以愈合的疮。

即便如此，菲奥娜依然没有想过放弃，在这种真实的跋涉中，她的思想却有了巨大的转变："当你不知道何去何从的时候，你会感到世界是如此空旷、广阔而令人迷茫。这是一次折磨人的探险，通常你只要吃几个月的苦就够了，可这一次却整整持续了两年，所以我必须好好地安排生活。”

菲奥娜的父亲是皇家海军军官，为了配合父亲的工作需要，她搬了22次家，转了15次学，为此她一直对父亲耿耿于怀。可当她走完从悉尼到珀斯的5000公里路程时，她也走出了对父亲的怨恨。她看起来比实际年龄更成熟、更自信，她的周游初衷已跟当初早有不同：

“我现在就像变了一个人，虽然说不出到底哪儿变了，但我肯定跟过去不同了，比如更加在意从前并未意识到的重要的东西——家庭。”

菲奥娜的行动，可能是许多年轻人的梦想，但真正敢去尝试的寥寥无几。菲奥娜在周游中经历了特殊的环境、超出想象的挫折，但这些困难并未吓倒她，她从不同角度开发了自己的潜能，激活了自己的忍受力、应变力、爆发力。当她阅历各种文化环境后，她更知道自己是谁、自己能做什么，更懂得生命的意义。

许多不可能，只存在于人的想象中；许多难以越过的藩篱，只是被夸大了的假象。当我们没有做过一件事情的时候，永远不知道自己到底能不能把它做好，更不知道自己到底能扛住多大的压力、跨越多艰难的困境。任何一件事总要先做起来，才能判定自己行不行，也只有在尽力做事的过程中，才会发现自己潜在的意志与能力。

如果你也希望，自己的人生不只停留于此，还可以有更多、更精彩的体验，就给自己制定一份挑战清单吧！把你没有做过的、不敢做的事情写下来，写完之后，想办法去创造做这些事情的条件，让自己有最大可能性地去完成它们。有可能，在这个过程中，你会遇到一些无从下手的事情，此时就要借助外力帮助自己了，这也是促进与他人关系的一种方式。

在执行挑战清单的过程中，要有不达目的不罢休的决心，这样你才有可能挑战一些自己原本不会去做的事情。如果对某件事情出现了抵触情绪，看看制作的清单，想象一下：完成这一挑战后是什么样的情景？给自己一点激励。你也可以在清单的空白处写上一两句鼓励自己的话，给自己加油鼓劲。

人生的路是遥远的、充满未知的，只有不断地去探索尝试、打破常规，才能够让看似无可救药的事，遇见绝处逢生的奇迹。如果连尝试的勇气都没有，谈何不同的生命体验，又谈何无限多的可能性？只有敢于尝试，敢于向自己的制高点挑战，生命才会焕发出别样的光彩。

恰如洛克菲勒的一句忠告所言：“你正朝着赢得一场伟大人生前进，这是你一直以来的目标，你需要勇敢，再勇敢。”

附录　简单好用的5种待办事项清单法

关于怎样制作清单，我们已经详细地介绍过了。最后，想跟大家分享一些简单的、常用的待办事项清单的设计小方法，大家在设计待办事项清单时，可以有选择性地借鉴，在不同的方法中融入自己喜欢的、用起来便捷的元素，构建一个适合自己的待办事项清单。

1.“便利贴”清单法

便利贴是学习和工作中常用的工具，用它来进行任务管理也是很方便的。如果你喜欢直观地看到各阶段的项目与任务，便利贴法就很适合你。

准备一块软木板，或一张较大的纸，以及一打便利贴。把木板或纸张分为三列，从左到右分别标注“待办”“进行”“完成”，如下所示：

待办	进行	完成
A		
B		
C		

当开始执行A事项时，就把A挪到“进行”一栏，做完后再将其挪到“完成”一栏，其他事项也是如此。这样的话，就可以直观地显示出，哪些任务已经开始执行，哪些任务还停留在待办阶段，一目了然。

为了突显任务的优先级，你可以选择用不同颜色的便利贴来给事项分级。比如：高优先级项目用红色，中优先级项目用黄色，低优先级项目用绿色。大致的用法就是上述的图标所示，个人可以根据自己的喜好来进行完善，灵活运用。

2.“3-MIT”清单法

所谓“MIT”，是英文“Most Important Task”（最重要的任务）的首字母缩写，这是待办事项清单中级别最高的项目，是在特定日期内必须完成的事。最初的工作方法就是，要求确定一项重要任务，排除其他一切干扰，专注于此，直至完成。

“3-MIT”法是基于上述方法的一个变体，实际上它比单一的“MIT”更常见，因为对多数人来讲，实用性更强。毕竟，很少有人一天只需做一件重要的事。所以，我们就可以在一天中选择并集中于3个优先级任务，不管发生什么，都要完成这3件事。

需要说明的是，完成“3-MIT”的时间不是固定的，有时你可能会提前完成，还能再做一点其他的事；但也有可能，为了完成3个MIT，有几天的时间都需要工作到很晚。

这个清单创建方法是开放的，如何选择MIT可以自行定义，只要它符合我们前面讲过的那些原则即可，如目标与特定目标有联系，且有任务场景；计划每项任务花费的时间；确立截止日期等。但如果你有拖延的习惯，或者经常分心，那么开放式的任务管理方法可能不太适合你，你更需要的是规则明确、自由度较低的结构化方法。

3.“3大＋2小”清单法

这个待办事项清单法，诠释出来就是——“3项大任务＋2项小任务”。

每天早上，或者前一天晚上，选出要处理的5个任务——大任务设定1~2小时才能完成，小任务设定30分钟或更短时间即可完成。为什么要这样选择和定义呢？如果你了解时间管理法，你可能会猜到，这是为了方便使用番茄工作法和时间盒。比如：你可以安排4个番茄闹钟（每个番茄闹钟包含25分钟工作时间和5分钟休息时间），用其完成大任务。

这种方法，限定了每日清单中的任务数量，有效地减少干扰，且不用纠结要做什么，减少做决策的精力。同时，这种方法还可以减少不必要的任务切换，减少在无关任务之间跳跃而造成的效率损失。

4.“主任务＋日任务”清单法

这个是我一直都在用的清单法，它涉及两份不同的清单：主任务清单、每日任务清单。

主清单，即你想到的每项任务的滚动存储库，记录所有项目，不必考虑优先级、完成所需要的时间、截止日期、与特定目标的关系等。只要你有一个想法和计划，就可以把它列入主清单中。随着时间的推移，主清单的任务可能会不断增加，而我们也很难完成主清单中的所有任务。但是，那些游荡在我们脑海里的想法都被捕捉住了，节省了记忆的精力。

日清单，就是全天工作的清单，是需要每天使用并定期审查，以衡量进度的清单，适用范围就是准备一天内完成的任务。

这两份清单，要怎样协同工作呢?

每天晚上，查看主清单，找出不久后要到期的任务，或是需要完成的任务。确定了这些待办事项后，选择几个，转移到第二天的日清单中，估算你是否有足够的时间完成它们。或者，你可以每隔几天查看一下主清单，这也意味着，你需要提前几天规划每日清单。

实际上，这个清单法可以跟上述的“3+2”清单法结合起来用。列一份主清单，然后日清单按照“3+2”来选择，也是很好的。但无论如何，切记给主清单上的任务设定截止日期，明确优先级、场景和完成所需时间，这样你才能够更有效、更准确地做出选择。

5.“基于项目”清单法

这种方法需要将待办事项清单进行分类，然后根据项目之间的关联性，设计出多份清单，每个项目对应一份清单。对于大规模的“家庭工程”，或是做重要决策时，这个清单法是非常有优势的。

例如，家里要进行卧室改造，你就可以依据下列的任务，对这个项目创建一个清单：

· 规划卧室的布局

· 选择你想要的墙纸

· 选择你想要的木地板

· 选择你喜欢的床、衣柜

· 选择灯具

· 选择窗帘

· 致电三名承包商，确定意向

再如，你准备选购一辆汽车，也可以根据这一项目，创建一个清单：

· 确定预算的购车费用

· 锁定你喜欢的汽车品牌与型号清单

· 缩小到3个品牌选项

· 咨询汽车经销商

· 试驾汽车

· 协商价格

· 找到合适的付款方式（全款或贷款，走流程）

· 签署合同，获得车辆所有权

很显然，在这种方法中，任务场景和详细说明是必备的，因为这份清单就是根据项目制定的，它显示的所有任务都跟特定目标直接相关。这个方法的优点就在于，能够直观地了解正在进行的多个项目。

总而言之，前面介绍的这几种清单方法各有优势，也各有不足，我们可以根据需要灵活地选择，或者将其进行组合使用，只要能够帮助我们提高效率，更好地完成目标，哪一种方法更适合你，怎样使用最方便，最终的决定权还是在自己手上。恰如我们一直强调的：清单只是工具，执行的主体是人。